JN203789

新 マシンビジョンライティング ①
− 視覚機能としての照明技術 −

マシンビジョン画像処理システムにおける
ライティング技術の基礎と応用

New Machine Vision Lighting ①

Basics and Applications of Lighting Technology
for Machine Vision Image Processing System

増村 茂樹
Shigeki Masumura

産業開発機構株式会社

はじめに

一 はじめに

2016年11月8日，マシンビジョン画像処理業界における照明技術の位置づけが大きく変わった。この日は，この20年以上に亘って業界を牽引してきた，世界最大の展示会 VISION 2016 がドイツのシュツットガルトで開催された，その初日に当たる。その日，これまで従来然としていた照明技術に対し，筆者の提唱する新しい照明技術が，栄えある VISION Award 第1位に選ばれた。

VISION 2016には，440社に及ぶ世界中の画像関連企業が出展し，約10,000人の来場者があった。出展社の約60%，来場者の約40%が，海外からの参加となる，まさに国際的な展示会である。

VISION Awardは，1996年にIMVE（Imaging and Machine Vision Europe）がスポンサーになって発足し，次の５点を評価基準として，毎年，2012年以降は隔年で，その時点で最も優秀な画像関連技術に与えられてきた。

・論文等の方式品質（Formal quality of submission）
・技術的な必要条件（Technological requirement）
・発明内容と応用の革新性
（Novelty of applications and degree of innovation）
・マシンビジョン産業における重要性
（Significance for the machine vision industry）
・エンドユーザーにおける重要性（Significance for the end user）

対象は，光センサーやカメラ等，あらゆる画像関連システムであるが，照明技術としての受賞は今回が初めてとなる。また，日本企業としてVISION Awardを受賞するのも今回が初めてとなり，日本の画像関連技術が，初めて世界に認められたといっても過言ではないだろう。

照明という分野は学会等においてもその歴史は古く，いわゆる「物体を光で照らして，明るくする」道具だと理解されている。しかし，これは，人間の視覚，すなわちヒューマンビジョンを前提とした場合であって，機械の視覚，すなわちマシンビジョンにおいては，事情が大きく変わってくる。それは，人間の視覚機能の大部分が精神世界，すなわち「こころ」の機能であるのに対して，機械には「こころ」がないことによる。

機械の視覚，マシンビジョンにおける照明は，照明であって照明ではない。それは「物体を明るく照らす」照明ではなく，機械に「その物体の何を，どのように見せるか」を決定する能動的な視覚機能そのものを担っているのである。視覚機能としての照明を設計するためには，従来然とした照明技術では難しく，新たに光物性を基本とした照明の最適化設計技術が必要となる。

照明を視覚機能だというと，そんなことはないと思われるかもしれないが，機械の視覚機能を構築しようとすると，必然的に，光がものを見ないと，機械にはものを見る機能がないことに気付く。照明が重要だと感じている人は多いかもしれないが，その本質をご存じの方は案外少ない。

したがって，マシンビジョンシステムに従来然とした照明を適用すると，そのシステム自身の性能が出ないだけでなく，対応できない対象が多くなって，マシンビジョン市場そのものの低迷を招いているのが現状である。

照明の最適化設計技術に関しては，既に日本インダストリアルイメージング協会（JIIA）を通じ，マシンビジョン画像処理システム向けの初の照明規格が，グローバルスタンダードとして認証されている。

また，照明技術としては，この規格の元となった連載「光の使命を果たせ」が，マシンビジョンライティング：基礎編，応用編，実践編として，既に書籍化されており，厚生労働省所管の高度ポリテクセンターにおいては，これをテキストとした「マシンビジョン画像処理システムのための新しい照明技術」が，15年以上のロングランセミナーとして年６回以上，継続開催されている。

今こそ，照明技術に対するパラダイムシフトが求められているのである。

日本発の，世界に誇れる照明技術を駆使し，この日の元の国をものづくりにおける世界の一等国となし，全世界の産業に貢献することを目標に，すべてが明るい未来に向かって動き始めることを祈り，はじめの言葉とする。

一 本書に寄せて

2016年1月から，新しい年の始まりと共に，マシンビジョンにおける照明技術を新たにまとめなおし，産業開発機構刊の業界誌である映像情報インダストリアル誌に連載させていただいている。本書は，その最初の14回分（2016年1月～2017年2月）に加筆し，再編纂したものである。

連載名は「視覚技術で，新しい未来を拓け！」である。この題に込められた念い（おもい）は，毎回，連載の冒頭に掲げられている，次の言葉にある。

「この連載には，巨大な光の世界で生きる私達一人一人が，自らの使命に目覚め，明るい未来を拓いていくことができるよう，『あなたの心にも，一条の光よ，射せ』，『あなた自身も，一条の光となれ』という願いが込められている。一条の光が未来を拓く。未来を拓く鍵は，あなた自身がもっている。人間は，考えを選択できる。幸福を選ぶか，不幸を選ぶかは，あなた自身の決断にかかっている。」

すなわち，未来を拓いていく力は，私達，一人一人の念いの力にほかならない。「念い」こそ自分自身である。心を変えれば，環境が変わり，周囲の人たちも変わり，未来が変わっていく。その根本にあるのが信仰の力である。信仰とは，言葉を換えて言うならば，「この肉体としての姿形ではなく，本来の自己に目覚め，真実の自分自身とそれをあらしめている元なる力を信ずる」という行為である。

筆者は，マシンビジョン画像処理システム向けの照明の仕事をさせていただく中で，この「信ずる」ということの重要さを，身に沁みて感じてきた。なぜ，照明の仕事で，「信ずる」などということが必要であったか。それは，一言で言うと，この照明の仕事が，本来，「こころ」の機能である視覚機能を，機械にもたせるという仕事であったからである。これも，今から考えると，誠に不思議な巡り合わせであった。

― マシンビジョンライティングへの道

真実の「信ずる」という力は，宗教教育が強制排除された戦後日本の学校教育において教わることができない。そこで，筆者は，前々職を辞して５年間仏門に入り，仏道修行をすると共に仏教の教学を学ばせていただいたのである。高々，５年ではあったが，大学を出て就職後15年目という，やっとこれから仕事に打ち込めるという時で，丁度こどもが成長し，家も建てて，いよいよ一家を構えようとする時期であった。出家は，少なくともこれまでの仕事をすべて反故にするという，極めて厳しい選択となったが，私の人生の中では誠に貴重な５年間であった。

その後，私は，このマシンビジョン画像処理業界の照明設計の仕事に出会うことになる。マシンビジョンとは「機械の視覚」という意味である。そして，その「機械の視覚」を実現させるべく，得られた画像情報を解析する手段として，画像処理技術がある。日本では，この画像処理そのものがマシンビジョンと同義であるように捉えられ，画像処理技術が視覚認識の主たる手段であるように考えられているが，本来は，画像認識のための後処理というべきものであろう。

カラーカメラや，年々その性能を驚異的なスピードで向上させ，当初とは比べものにならないほどそのコストパフォーマンスを上げたコンピュータ技術をもってすれば，機械に人間と同等の視覚機能をもたせるなどということは，それほど難しいことではないように思えるだろう。そして，そのシステムの中で，照明などは，単に物体を明るく照らすだけのものであって，確かに真っ暗だとものが見えないので，必要なものではあるが，「視覚機能」そのものとは直接縁がないもの，と考えられがちである。ところが，実は，この照明技術こそが，機械の視覚機能の中核を担う技術なのである。そして，それに気付くには，先にご紹介した仏教的世界観が重要なキーになっていたのである。こうして，機械に視覚機能をもたせる，マシンビジョンライティングへの扉が開かれた。

一 映像が「こころ」に与えるもの

あるとき防火訓練があり，消防車がやって来たので，間近で消防車を見学できる良い機会と思い，近寄っていった。日頃，サイレンを鳴らして行き過ぎていったり，道を譲られて通り過ぎていく消防車は，それなりに近しい存在であるはずが，近くで見ると，その大きさもひときわで，真っ赤に塗られたその車体の威容は，その重量感といい，装備のすばらしさといい，圧倒されるものがある。

私は，1歳半過ぎになる女の子の手を引いて，消防車に近づいていった。遠目には，その子も消防車に興味があり，嬉々として一緒に近づいていったが，消防車が間近に見えてくるにつけ，彼女は歩を緩め，ついに大声で泣き出してしまった。それでも抱き上げて近づいていくと，一層大声で「こわいよー，こわいよー」と泣き叫ぶ。一体，彼女に何が起こったのか，私にも分からなかったが，真横に行くと，運転席から優しそうな消防隊員のお兄さんが降りてきて，運転席に座らせてくれるという。むしろ，私が座りたい衝動を抑えながら，彼女を座らせようとすると，消防車だけに，火のついたような泣き声を上げ，消防隊員も予想外の反応に困ってしまったようだった。

さて，この一連の出来事の中で，彼女はこの消防車をどのように見，どのように感じたのだろうか。恐らくは，生まれてこの方，はじめて間近で見る，目の覚めるような真っ赤な消防車である。

彼女の泣き方からすると，恐らく，彼女にとってはあまりにも大きな赤い塊に，恐怖を感じたのであろう。赤いボールや玩具の消防車なら喜んで手にする彼女が，本物の消防車を見て恐怖したのである。それは，優しいお兄さんに声をかけられても，そんなものには左右されない大きな恐怖に，彼女自身が圧倒されたのであろう。

確かに，大きな岩や，大木などに近づくと，その目で見える映像とは別に，いわゆる存在感のような重量感を覚える。また，春，満開の桜の木の下に立ったときの，あの何ともいえない胸の膨らむような幸せな感覚は一体何なのであろうか。

この世に存在する様々な物質を見た時に，多かれ少なかれ，我々は感動にも似た，わくわくするような心持ちを，「こころ」の奥深くで静かに感じているような気がする。

人間の視覚機能は，このように，決して無機質なものではなく，いわば感動にも似た得もいわれぬ感覚を絶え間なく伴いながらものを見ている。私は，これこそが視覚機能の奥深くで働いている「こころ」の感覚だと思う。

「こころ」をもたない機械が，どのようにしてものを見るのか，そしてその見たものを認識するのか。私はいつも，この冷たい溝の間で仕事をしているが，この部分こそが，機械に視覚機能をもたせるに当たって，逆に重要な部分となっている。

結局，我々人間が，「こころ」の機能として視覚を駆使ししているのに対して，如何に機械の論理的な視覚機能でこれを実現するか，ということが重要なのである。

一 目に見えるものと見えないもの

目に見えないものには，どんなものがあるだろうか。この３次元世界に物質化して存在しているものは，よほど希薄であったり，微細であったりしない限り，我々の目で見ることができる。

例えば空気などは，一見，その存在を眼で確認することができないので，大切なものなのにその存在感を主張しないものを総称して，「空気のような存在」という言葉もある。しかし，陽炎の立ち上る地表面近くで向こう側の景色が揺らいで見えたり，風となって頬を撫でる空気に，タンポポの綿毛が運ばれていく姿や，朝靄のなか，ゆっくりと動く空気の流れを見たときに，我々は，普段見ることのできない空気の存在を見ることができる。また，普段，気に留めることもない，微生物たちも，拡大さえしてやればその姿を確認することができるが，これが普通に目で見えるようなら，私達の日常の生活は随分と様変わりしてしまうであろう。

つまり，この世は，我々にとって，極めて都合良くできているのである。長くても数１０年という限られた時間ではあるが，この肉体を長らえることができ，その一生の中で様々な体験をすることができる。その様々な体験は，どのようなものにせよ，我々の記憶として留められ，そしてそれらを思い出して，美しかった夕日の空や，子供の頃に見た降るような満天の星空，真冬の澄んだ月，そして懐かしい人たちの笑顔や，こころ和む風景など，我々が体験したあらゆるものは，そのすべてがそっくりそのまま我々の「こころ」の中に蓄積されている。しかし，これは単なる物理的な記録ではなく，少なからず様々な感情が伴っていることに気付く。

私は，このマシンビジョンの仕事をしていていつも思うのは，「機械は，本当にはものを見ることができない」ということなのである。最近は，人工知能ばやりで，ディープラーニングなる画像認識手法も世の脚光を浴びているようだが，これは結構なことで，一般に科学技術は着実に進んで行き，以前はできなかったことがその進歩によってできるようになる，ということを我々は知っている。しかし，それは人間を堕落させるためではなく，より高い精神性を磨くためであろうと，私は思う。なぜなら，この世で生きた数十年間の体験のすべては，我々の「こころ」の中にしっかりと刻まれているからである。この世で生きた様々な体験を，「こころ」の糧として，しっかりと抱いているのは，私ひとりだけではないであろう。だからこそ，皆，自分が愛おしく，大切なのではないだろうか。愛おしいのは，体験そのものなのである。

そして，人がものを見るということは，「仏の創られたこの尊い世界と自らの関係を見る」ということなのだと，つくづく思うのである。

「こころ」をもたない機械に，どのように「見る」力を与えるか，それが我々のミッションなのである。

一 謝辞

最後に，本書の元になった連載「視覚技術で，新しい未来を拓け！」（2016年1月～）は，産業開発機構の平栗 裕規氏をはじめ，加茂 未亜女史のご助力なくしては実現しなかったこと，更には，この連載のベースとなっている「光の使命を果たせ」の連載（2004年4月～2015年12月）は，連載第１回から，その表現の細部にわたってご指導いただいた産業開発機構の宇野 裕喜氏，柳 祥実女史，そしてその発行責任者である分部 康平氏の親身なご協力がなくては実現しなかったことを申し添え，感謝の言葉に代えさせていただきたい。

また，本来の会社業務以外に，この連載，並びに他の専門誌や学会への論文投稿のため，17年以上の長きにわたって週末と休日のほぼすべての時間を費やしたにもかかわらず，家族がこれを支えてくれたことに，私は感謝の念を禁じ得ない。

時間の無い中，いつもくじけそうになる筆者を，深い愛情と的確な助言で支え続けてくれる私の最愛の妻，増村 千鶴子と，現在では社会人となってそれぞれ教諭としての仕事をもち，前シリーズ最初の基礎編より快く本書の編纂に協力してくれた，増村 嘉宣，髙橋 友紀（新シリーズでは，本文のイラストを担当），更には前シリーズの実践編より加わった髙橋 秀輔，本編から加わった春口 夢女史，そして，この地上で自らの「光の使命」を果たさんとしている多くの光の戦士たちに，こころからの感謝を込めて本書を捧ぐものである。

2017年10月吉日　増 村　茂 樹

目　　次

はじめに ………… i
– はじめに ………… i
– 本書に寄せて ………… iii
– マシンビジョンライティングへの道 ………… iv
– 映像が「こころ」に与えるもの ………… v
– 目に見えるものと見えないもの ………… vi
– 謝辞 ………… viii

1.　照明が新しい未来を拓く ………… *1*
1.1　視覚機能としての照明技術 ………… *1*
1.2　視覚機能を科学する？ ………… *2*
1.2.1　ミンスキー先生のアプローチ ………… *3*
1.2.2　仏教の教えと人工知能 ………… *4*
1.2.3　ファインマン先生の洞察 ………… *6*
1.3　人間の見る画像と機械の見る画像 ………… *7*
1.3.1　チェッカーパターンの不思議 ………… *8*
1.3.2　機械はチェッカーパターンをどう見るか ………… *9*
1.3.3　新しい照明技術 ………… *11*

コラム ①　物質の存在と多次元世界 ………… *14*

2.　機械は物体をどのように見るか ………… *15*
2.1　機械のものの見方 ………… *16*

2.1.1　論理回路の機能動作 ········ 18
2.1.2　マイコンの論理動作 ········ 20
2.1.3　機械がものを見るということ ········ 21
2.2　機械のものの見え方 ········ 23
2.2.1　色や光のバラバラの点とは ········ 23
2.2.2　機械は物理量しか見えない ········ 25

コラム ②　仏教的観点からみたマシンビジョン ········ 28

3.　機械にどのようにものを見せるか ········ 29
3.1　人間と機械の違い ········ 30
3.1.1　生物と無生物 ········ 30
3.1.2　新パラダイムと価値観 ········ 31
3.1.3　無生物である機械の視覚 ········ 33
3.2　機械に見せる画 ········ 34
3.2.1　機械の動作アルゴリズムを構築する ········ 34
3.2.2　機械の視覚のための画像 ········ 36

4.　物体の何をどのように見るか ········ 39
4.1　物体の「何を，どのように見るか」 ········ 40
4.1.1　光物性を考える ········ 41
4.1.2　物体の明るさについて ········ 43
4.2　照射光と物体の関係 ········ 44
4.2.1　光源からの距離と明るさ ········ 44
4.2.2　物体光の明るさ同定へのアプローチ ········ 46

5.　物体光の分類と明るさ ……… 51

5.1　物体を見るということ ……… 52

5.1.1　光とその明るさ ……… 53

5.1.2　光の作用と明るさとの関係 ……… 55

5.2　物体光の分類 ……… 59

5.2.1　照射光と物体光 ……… 60

5.2.2　直接光と散乱光 ……… 61

6.　明るさとは何か ……… 65

6.1　光でものを見る ……… 66

6.1.1　光の姿とその作用 ……… 66

6.1.2　光の明るさとは何か ……… 71

6.2　光の明るさを見る ……… 72

6.2.1　光の明るさの元 ……… 73

6.2.2　光の明るさの尺度 ……… 76

7.　物体光の明るさとその特性 ……… 83

7.1　物体の明るさを支配する要素 ……… 85

7.1.1　光と電磁波 ……… 86

7.1.2　物体光の見た目の明るさ ……… 88

7.2　物体の明るさを定量的に評価する ……… 90

7.2.1　物体光の明るさを分析する ……… 90

7.2.2　立体角要素について ……… 93

8.　機械の見る物体光を制御する ……… 95

8.1　脳と肉体動作との関係 …… *95*

8.1.1　仏門と出家 …… *95*

8.1.2　脳と意識 …… *96*

8.1.3　仏典の真実 …… *97*

8.2　マシンビジョンと人工知能 …… *98*

8.2.1　機械と人工知能 …… *98*

8.2.2　機械にできること …… *101*

8.2.3　文字認識と画像認識 …… *103*

8.3　物体光制御へのアプローチ …… *104*

8.3.1　物体光を制御するための照明 …… *104*

8.3.2　物体光の変化を抽出する …… *106*

コラム ③　色即是空とマシンビジョン …… *110*

9.　物体光の変化要素と照明設計 …… *111*

9.1　物体光を制御する照明設計 …… *112*

9.1.1　照明設計へのアプローチ …… *112*

9.1.2　照明選定から照明設計へ …… *115*

9.2　物体光の変化の元なるもの …… *118*

9.2.1　光の変化要素 …… *119*

9.2.2　光の変化要素を理解する …… *121*

コラム ④　魔法とマシンビジョン …… *124*

10.　光物性と照明設計 …… *125*

10.1　光物性を考える …… *125*

10.1.1　透明マントの不思議 …… 126
10.1.2　透明マントを実現する …… 129
10.2　照明規格と設計法 …… 131
10.2.1　機械の照明を誰でも設計できるように …… 132
10.2.2　マシンビジョンライティングの第一歩 …… 132

11.　機械の本質と物体光の制御 …… 135

11.1　機械の視覚と光の変化要素 …… 136
11.1.1　機械の視覚の本質 …… 137
11.1.2　照射光による物体光の制御 …… 140
11.2　物体光の明るさの最適化 …… 142
11.2.1　最適化の原点 …… 143
11.2.2　視覚機能と霊性 …… 145

12.　伝搬方向と振幅による物体光制御 …… 149

12.1　伝搬方向による物体光制御 …… 149
12.1.1　物体による伝搬方向の変化 …… 149
12.1.2　立体角要素と物体光の関係 …… 151
12.2　振幅による物体光制御 …… 154
12.2.1　光のエネルギーと明るさ …… 154
12.2.2　光の振幅と明るさ …… 157

13.　波長と振動方向による物体光制御 …… 161

13.1　波長による物体光制御 …… 161
13.1.1　色のあやまち …… 161
13.1.2　光の波長と明るさ …… 164

13.2　振動方向による物体光制御 …… *166*

13.2.1　光の振動方向と明るさ …… *167*

13.2.2　偏光子と検光子 …… *168*

14.　光物性の実相 …… *173*

14.1　光物性とは何か …… *173*

14.1.1　照明設計の原点としての光物性 …… *173*

14.1.2　光物性の不思議 …… *175*

14.1.3　光の転生輪廻 …… *177*

14.2　光の反射のメカニズム …… *178*

14.2.1　鏡による光の反射実験 …… *179*

14.2.2　鏡面反射のメカニズム …… *180*

おわりに …… *183*

初出一覧 …… *185*

本書で使用する言葉や記号，単位について …… *189*

索　引 …… *191*

1. 照明が新しい未来を拓く

一般に知られている照明とは，街灯や室内の明かり取りとして，我々人間が目でものを見るために，対象物である物体を光で照らす道具である。

確かに，建造物を綺麗に浮かび上がらせたり，室内を居心地の良いように明るくしたりする照明もある。しかし，これからお話しする照明は，機械の視覚のための照明である。この照明は，物体を明るく照らす照明ではなく，機械に，「こころ」の機能である視覚機能を与えるための照明なのである。

その意味で，本書で扱う照明は，既に普通の意味での照明ではないことを，最初に申しあげておく。

1.1 視覚機能としての照明技術

視覚機能は，ここでわざわざ説明するまでもなく，私達が生まれてこの方，ごく自然に自分の目でものを見，それを的確に認識し，この世に存在するあらゆるものを視覚情報として認識できることから，何より私達の生活になくてはならないものとして機能している。

したがって，この視覚機能を機械やロボットにもたせることができれば，これまで人間にしかできなかった，臨機応変な処理を要するものづくりやその他のサービスに，計り知れない恩恵をもたらすであろうことは想像に難くない。

しかし，実際には，現時点での製造業のラインには，多くの人間が働いている。確かに，単純な作業は自動化され，人間より遥かに精度良く，正確に，しかも高速に動作する機械は導入されているが，どうしても人間でないとできない作業が残っており，これが全体の作業のボトルネックになっていることが多いのである。

この人間にしかできない作業とは，主に視覚機能を用いて，その情報を元に

図 1.1　機械が視覚機能を自由に使えたら

フィードバックをかけて動作したり判断したりしなければならないような作業が中心なのである。

こんなことは，現代の技術をもってすれば簡単に実現できるように思ってしまうのは，この視覚機能を自由に使っている人間の浅はかさであろう。視覚機能は，私達人間の「こころ」の機能と深く関わっており，単に目で見て脳がこれを判断するという具合にはいかないのである。

1.2　視覚機能を科学する？

機械に視覚機能をもたせるには，それは簡単。人間の視覚機能がどのようにしてものを見，その映像を認識しているかを解析し，それをコンピュータにやらせればよい，と考えるのはごく普通の考え方であろうと思う。

しかし，この，ごく簡単に思えることを，いざ，実現しようとすると，一体，何をどうすればよいかがわからず，はたと立ち尽くしてしまうのである。

1.2.1 ミンスキー先生のアプローチ

コンピュータビジョンと呼ばれる画像認識や画像理解の歴史はまだ新しく，今から50年ほど前の1965年頃，米国のMIT（マサチューセッツ工科大学）のマーヴィン・ミンスキー（Marvin Minsky）教授が，夏休みの宿題として当時の大学院生へ出した課題が，その初期のエピソードとしてよく話題にされる。ミンスキー教授は，「人工知能の父」と呼ばれているコンピュータ科学の第一人者である。

人間は，自分の目で３次元の様々な物体を見ても，あるいはその写真を見ても，そこに何があるか，どんなものが映っているか，ということを即座に認識することができる。それは，日常の生活において，特別な訓練をすることもなしに，ごく普通になされている，実に簡単なことなので，これをコンピュータ

図 1.2 機械が人間の見る絵と同じ映像を見ると…

で判断させることも，一見してそう難しくはないだろうと思われる。ということで，身の回りの物体の簡単な画像認識が，大学院生の夏休みの課題に出されたのであった。

ところが，夏休みの期間どころか，50年経過した現在に至るまで，その問題は本質的には何ら解決されておらず，いまだに，それは現代のコンピュータをもってしても実現することができていない[1)]。

ミンスキー先生は，人工知能の父と呼ばれている方で，当然，このアプローチは徒労に終わったわけではない。彼は，自らも，そして研究室の皆にも，仏教を学ばせることで，人工知能の次代を拓こうとしている[2)]。当然，これまでにも，彼らの人工知能に関する研究からは，数多くの成果が生まれていることを申し添えておく。

1.2.2　仏教の教えと人工知能

この逸話を読んで，皆様はどのように思われるだろうか。大方の人は，内心，そうはいっても，機械が物体認識をすることくらい，そんなに難しくないのではないか，と思われるのではないだろうか。ましてや，照明など，せいぜい均一に照らしてくれさえすればそれでいい，と思われる方が多いのが現実である。かつての私もそうであったので，その気持ちは非常によく分かる。

また，仏教がどのように人工知能研究に役立つのか，と疑問をもたれる方もおられるかもしれない。それなら，世のお坊さんは，皆，ノーベル賞をもらってもおかしくないではないか，と。

その意味では，ミンスキー教授はお坊さんを遥かに越えておられるのではないだろうか。

仏教の教えは，極めて論理的にこの世とあの世を貫く多次元世界論を明示し，「こころ」の働きと仕組みについて明確に説明しきっている。「こころ」の様々な作用はこの世を去ったあの世，つまり４次元以降の世界で機能しているものなのである。

図 1.3　ミンスキー先生、仏教経典でＡＩを創る

私達は，この３次元世界に在って，４次元以降の世界とつながっている「こころ」という，打てば響くように感じ，考え，創造し，こうありたいと念うことのできる主体をもっている。私達人間の本質はこの考える主体の方であり，この３次元で見えている肉体は，一時期，この世に姿を現して活動するための，いわばアクアラングのようなものだ，と考えることができる。

図1.4に示すように，この世に現れた肉体存在は，海中に潜ったアクアラングのように機能しているが，実際にこれを動かし，操縦しているものの本体は，アクアラングそのものではなく，アクアラングを通して得た様々な３次元情報は，別に在る本体が受け取って認識し，判断しているのである。

つまり，実際にアクアラングを身につけて海に潜っている人間が本体であり，アクアラング自体は，魚たちから見るとロボットのような生き物に見えるかもしれないが，それは単なる道具であって，そのロボットの実体は当の人間そのものなのである。

図 1.4　視覚機能における肉体とこころの関係

視覚機能やその他の創造的な機能は，私達の目に見える肉体がもっている機能ではなく，「こころ」の機能なので，人工知能や未来科学の研究を進める上では，仏教がこのうえない教科書となることを，ミンスキー教授はご存じなのである。

1.2.3　ファインマン先生の洞察

「視覚を論ずるに当たって，我々は色や光のバラバラの点を見ているわけではないことを，はっきりとさせておかなければならない（モダン・アートの画廊なら別だが）。我々がある対象を見る場合，人なり物なりを見るのである。いいかえると，脳は我々の見るものを解釈するのである。それがどのようにして行われるのか誰も知らない。もちろん，それは非常に高いレベルで行われる[3)]。」

これは，1965年にノーベル物理学賞を授与されたリチャード.P.ファインマン（Richard P. Feynman）の言葉である。

彼も恐らく，視覚機能というものに関して，それが３次元世界に閉じた形で実現できる機能だとは考えていなかったのではないだろうか。

それは，次のパッセージからも窺い知ることができる。

「我々がものをみるという自然現象を完全に理解するには，ふつうの意味における物理学の範囲を越えなければならない[4)]。」

元々，仏教の基本教義でもある多次元世界論を前提にすると，すべてがこの３次元世界の理論で説明できると考えること自体，非常に愚かな試みであることに納得がいく。そして，これが，悪しき唯物論の正体なのである。

筆者は，この照明の仕事に就いた当時，ファインマン先生の「ふつうの意味における物理学の範囲を越えなければならない」という言に触れて，大きなショックを受けたことを覚えている。

画像処理用途向けの照明の仕事について，様々な文献を調べても，一向に有効な情報が無く，照明と物体の見え方の間の定量的な相関に関しては，まさに空を切るが如くで，これから自分のなさねばならない仕事の未知なる赴きに対して，大いに不安を感じたのであった。

1.3　人間の見る画像と機械の見る画像

では，人間の見る画像と，機械の見る画像は，どのように違っているのだろうか。

それは，機械の視覚が，「こころ」の機能である人間の視覚と同様の機能動作では実現できないことに由来するもので，機械が，人間の「こころ」の機能を，この３次元世界で閉じた機能に無理矢理展開し，実現せざるを得ないことによって生じている違いなのである。つまり，機械は，人間の見るようにはものを見ることができないということである。

1.3.1　チェッカーパターンの不思議

ここで，図1.5に，人間がどのように映像を見ているか，１例を示す。

図1.5の(a)は，チェッカーパターンを256階調のグレーレベルで表した画像だが，図のA，B，Cタイルの明るさは，(b)に記述したようにAとCは同じ輝度値207であり，Bはその半分程度の明るさの121となっている。

ところが，ここで，図1.5の(c)のように，チェッカーパターンの一部が暗くなっていたらどうだろうか。皆さんには，図の(c)のタイルAとタイルBを比べて，どちらが明るく見えるだろうか。

恐らく，ほとんどの人が，そりゃあAの方が明るいに決まっているというであろう。単にチェッカーパターンだからそのように想像して見ているのではなくて，実際に，画像としての明るさも，タイルBに比べて，タイルAの方が明るく見えるのが普通である。

ところが，実際には，タイルAの明るさは256階調で110に留まっており，タイルBの明るさは121なので，タイルBに比べて，タイルAの方が暗いのである。図の(d)は，図の(c)から，単にA，B，Cのタイルを移動しただけなのであるが，図の(d)では，今度は目で見ても，確かにタイルAがタイルBに比べて僅かに暗く，タイルCはタイルAの２倍近くの明るさになっていることがわかる。これが，心理量と物理量の違いである。

さて，果たして，図の(c)と(d)のそれぞれ対応するタイルが，すべて同じ明るさであることを認めることができるであろうか。BとCはいいとしても，タイルAに関しては，どう見ても(d)のAと(c)のAでは明るさが違う。どうしても納得がいかない人は，図の(c)のタイルAとタイルBをカッターで切り離し，実際にその明るさを比べてみていただきたい。

これが，ファインマン先生のいわれた，人間の視覚が「色や光のバラバラの点を見ているわけではない」ということの証左であり，「我々が或る対象を見

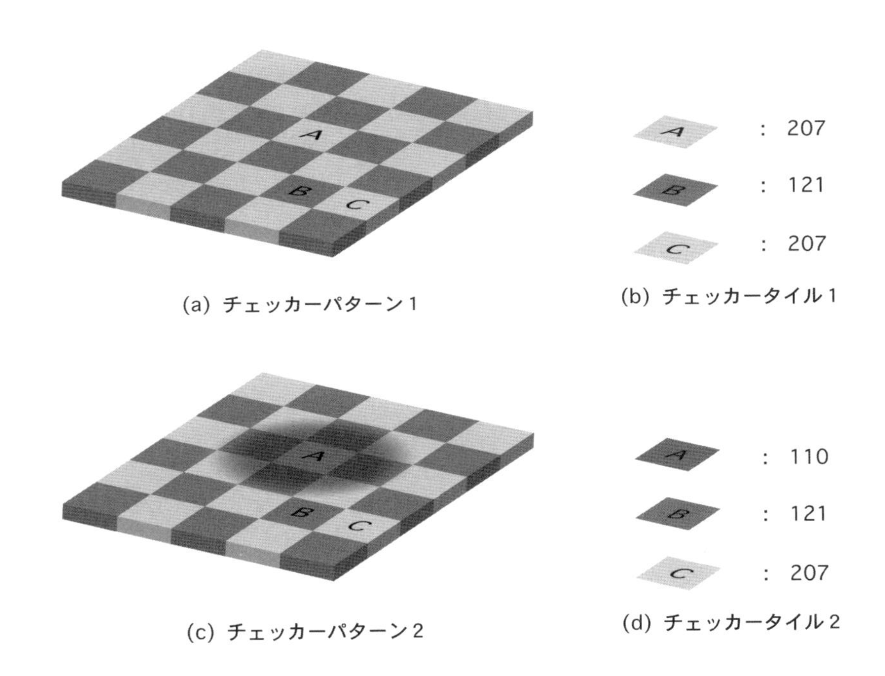

図1.5　チェッカーパターンの各タイルの明るさと実際の輝度値

る場合，人なり物なりを見るのである。いいかえると，脳は我々の見るものを解釈するのである。」ということの意味である。

1.3.2　機械はチェッカーパターンをどう見るか

人間が，図1.6の(a)を見た場合，その明るさも見え方も，実はすべてが心理量で評価されている。

心理量とは，私達が3次元世界の尺度では表すことができないもので，機械は，当然ながら，そのすべてにおいて，3次元世界の客観量である物理量を用

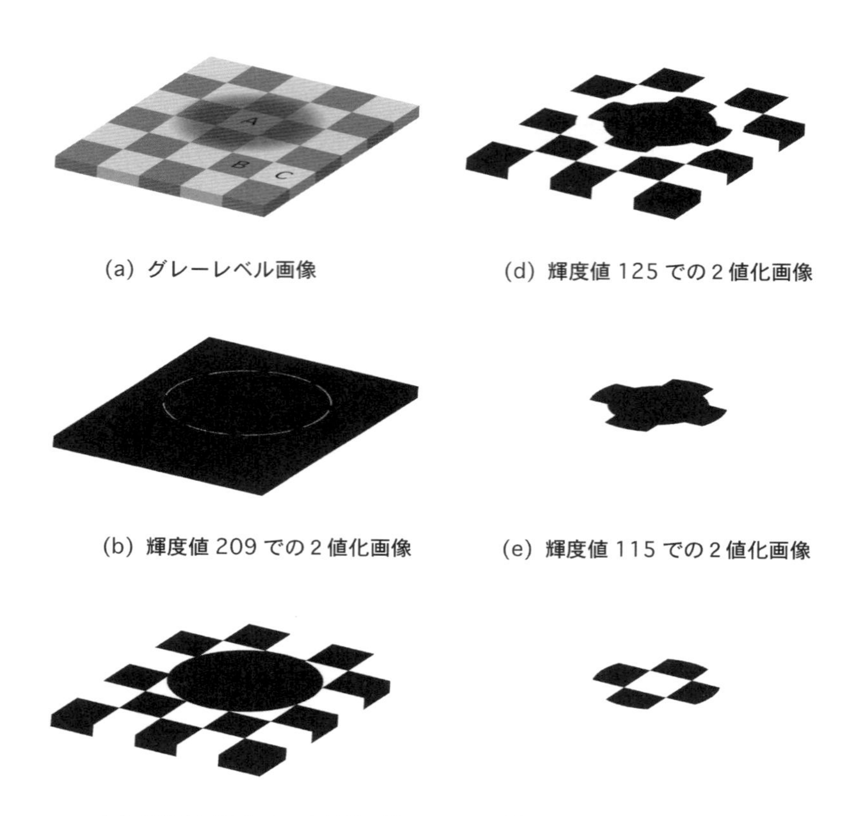

(a) グレーレベル画像

(b) 輝度値 209 での 2 値化画像

(c) 輝度値 200 での 2 値化画像

(d) 輝度値 125 での 2 値化画像

(e) 輝度値 115 での 2 値化画像

(f) 輝度値 100 での 2 値化画像

・(a) の 256 階調のグレーレベル画像に対して、それぞれの輝度値で 2 値化した画像が (b)～(f) の画像で、実際の各部の輝度値のみでは、全体がチェッカーパターンとして認識されることはない。

図 1.6　不均一なチェッカーパターン画像の 2 値化画像

いて，そこから解析できる範囲内でしか，画像を処理することができない。

図1.6の(b)以下は，それぞれ，209，200，125，115，100なる輝度値をしきい値として，それより明るい部分を真っ白，すなわち輝度値255とし，暗い部分

を真っ黒，すなわち輝度値0として２値化[注1]した画像である。

このチェッカーパターンでは，明るい側のタイルが輝度値207なので，輝度値209をしきい値とした(b)ではチェッカーパターンのほとんどが真っ黒になってしまい，図の(a)では徐々に暗くなる影のよう見えているが，実際にはその影の周りに少しだが輝度値209以上の，明るい輪っかの部分があることが分かる。

また，図の(c)や(d)では，輝度値207以上のチェッカーパターンの白い部分が浮かび上がっているが，中心部の影の部分は，その全部が暗くなってしまっている。

更に，図の(e)では，中心部の暗い部分を除いて，周囲のチェッカーパターンはすべて白くなって，チェッカーパターンを認識することはできなくなり，図の(f)の輝度値100をしきい値にすると，ようやく，中心部の白いタイル部分を認識することができる。

つまり，中心部の白いタイルは，実際の輝度値としては，周囲のチェッカーパターンの黒いタイルより更に暗いのにも関わらず，人間の視覚ではそれが，少なくとも周囲の黒いタイルより，確かに明るく見えるのである。

だが，機械の目で，これを人間の目と同様に認識しようとすると，或る特定の場合についてシェーディング補正をかけることはできても，これが様々なパターンでランダムに起こるとすると，もう追随することはできない。

1.3.3　新しい照明技術

人間による目視検査では簡単に認識できるキズや凹みなども，それをそのままカメラで撮像して機械で認識しようとすると，その大半は認識することが適わない。その画像に特化した画像処理を施してやれば認識できることもあるが，それを一般化して，どのようなキズでも認識できるようにしようとする

[注1] ２値化とは，或るしきい値に対して，それより明るい画素を真っ白，すなわち最大輝度値に，それより暗い画素を真っ黒，すなわち最低輝度値にして，白と黒の２階調で画像を表現する画像処理手法のことを指す。

と，最初に機械が取得する画像そのものを，機械がそのキズをキズとして認識できる画像にしてやるしかないのである。

結局，機械はファインマン先生のいわれた「色や光のバラバラの点」しか見ることができないのである。そこで，機械が何をどのように見るかを決めているのが，まずは照明，そして撮像光学系である。すなわち，照明を含めた撮像光学系全体が，機械の視覚の中核を担っている。

その時に，機械が見る画像は，既に人間が見る映像とは全く異なっており，被写体の「何を，どのように見るか」ということをあらかじめ決めた上で，その認識に関わる必要十分な条件のみを抽出できるよう，案件ごとに最適化を図らなければ機械の視覚は正常に動作することができないのである。

この最適化条件を決しているのが照明である，という事実を知ったとき，本書の内容が連載された第1回目に，「照明が新しい未来を拓く」という主題が掲げられたことの意味が，改めて，ひしと迫ってくる。

マシンビジョン画像処理システムにおける照明は，もはや物体を明るくするという手段ではなく，アクティブな視覚機能そのものなのである。

この事実を目の当たりにして，さて，それではどのようにしたらいいのか，ということを，これから本シリーズのなかで順に明らかにしてゆきたいと思う。本書は，その第1冊目にあたる。

私は，本書を通じて，皆様と共に，本気で，新しい未来を拓いてゆきたいと願っている。その最初の課題として，照明という技術に対するパラダイムシフトがある。

機械のための照明は，照明とは言っても，実はその内容がいわゆる照明ではないことによるギャップが，マシンビジョンシステム全体の設計を難しいものにし，マシンビジョン市場そのものの足を引っ張っている。照明というものがあまりにも身近なため，機械のための照明の方法論が理解できないのである。このようにいうと簡単なことのように聞こえるが，これを理解し，実践するには，まさにパラダイムシフトが必要なのである。

参考文献等

1) 増村茂樹: “マシンビジョンライティング実践編 - 画像処理 照明技術～マシンビジョン画像処理システムにおけるライティング技術の基礎と応用～”, pp. 34-35, 日本インダストリアルイメージング協会, Nov.2013.（初出：“連載（第71回）最適化システムとしての照明とその応用（5）”, 映像情報インダストリアル, Vol.42, No.2, pp.97-100, 産業開発機構, Feb.2010.）

2) 田原 総一朗：“生命戦争—脳・老化・バイオ文明”, 文藝春秋, Jun.1987.

3) リチャード・P・ファインマン, 富山小太郎 訳: “ファインマン物理学 II 光・熱・波動”, p.116, 岩波書店, May 1968.（原典：Richard P. Feynman et al., The Feynman lectures on physics, Addison-Wesley, 1963）

4) リチャード・P・ファインマン, 富山小太郎 訳: “ファインマン物理学 II 光・熱・波動”, p.131, 岩波書店, May 1968.（原典：Richard P. Feynman et al., The Feynman lectures on physics, Vol.1, Chapter36-1, Addison-Wesley, 1963）

＊＊＊＊＊＊＊＊＊＊＊＊＊＊＊＊＊＊＊＊＊＊＊＊＊＊＊＊＊＊＊＊＊＊＊＊＊＊＊

コラム ①　物質の存在と多次元世界

この３次元世界は，物質の世界である。「物質は，何からできているのだろうか」という問いは，自然科学の分野の根源的な探求課題である。この宇宙を構成している物質をどこまでも分割していくと，それ以上は分割できない17種類の素粒子に行き当たる。その中で最後まで未発見であったヒッグス粒子も先年，CERNによってスイスのジュネーブ郊外に建設された世界最大の円形加速器LHCでその存在が確認され，ノーベル賞が授与されたことはまだ記憶に新しい。ちなみに，ヒッグス粒子は神の粒子といわれ，あらゆる物質に質量を与える。「神の粒子」という呼称には賛否両論があるようだが，質量がなければこの３次元世界にその姿を現すことは適わないので，その意味では，光エネルギーの物質化という観点で，その名もふさわしいのかも知れない。

人間も，この物質世界の一部であるが，しかし，単に物質だけの存在ではない。機械と人間を分けるもの，それは仏教的にいうと「仏性」である。

仏教では，「人間は仏の子である。各人は仏性を宿しており，その本質は光であり，その本質は善である」と説かれている。人間の本質が光であり，その本性が善であるということは，「仏の心が分かる」ということを意味する。仏性というのは，要するに，この世で起きる様々な出来事や経験を感じ取ることができるということ，その感じ方に幾通りかの感じ方，一定の方向性があるということである。しかしながら，一方で，人間には，その念いと行いを自由に選択する力が与えられている。すなわち，人の本性は善であるが，その念いと行いにおいて善悪が分かれるのである。したがって，人の本性を悪とみる性悪説は仏への信仰とは逆の道，すなわち悪魔の力を信ずる道となる。また，人の本性が，物質である肉体人間の，例えば脳で決まるものとする考えも，現象論的にのみ捉えて，この仏性を認めないという方向性をもっており，私は，これも間違った考え方だと思っている。ただ，私は，この物質世界の真実の姿を求める真の物理学者達こそ，仏神の造られたこの世界が多次元構造であって，決してこの３次元世界に閉じて機能しているものではないということを，アプリオリに知っているのではないかと思う。

視覚機能も，然り。「機械の視覚」すなわちマシンビジョンというものは，「人間の視覚」すなわちヒューマンビジョンと対比して，決して同等に機能しているものではない。

＊＊＊＊＊＊＊＊＊＊＊＊＊＊＊＊＊＊＊＊＊＊＊＊＊＊＊＊＊＊＊＊＊＊＊＊＊＊

2.　機械はどのようにものを見るか

機械の視覚は，人間の視覚とは全くの別物で，単に機械が機械として機能しているだけのものであって，それを機能させるための構成要素であるカメラや照明は，もはや人間の視覚における目や照明とは，似て非なるものなのである。なぜなら，人間は目や神経や脳でものを見ているのではなく，実際にその視覚情報を受け取って認識し判断をする主体，すなわち「こころ」でものを見ているからである。では，「こころ」をもたない機械はどのようにものを見るのであろうか。それは，いわゆるからくり人形のようなもので，そこには思想も，感動も，創造も，論理的な思考さえもない，単に，プログラムどおりに動作する機械仕掛けの箱でしかないのである。

つまり，「その箱を，如何に人間の『こころ』の作用に似せて動作させることができるか」という技術が，マシンビジョン画像処理システムの構築において，まさに要請されている技術なのである。

そのシステムを構成する要素は，肉体人間と同じように，レンズやカメラ，画像情報を伝達するシステムや，その画像情報を解析するためのコンピュータなどから成っているが，ひとつだけ人間には備わっていない要素がある。それが，照明である。

視覚情報は，人間の目で物体から発せられる光を感知することで成り立っている。光が無ければ，視覚情報そのものを得ることができない。しかし，人間の体には，自ら光を発して物体を照らす機能がない。したがって，光の無い暗い環境では明かり取り，ということで光を物体に照射する照明が必要になっている。地球に光を照射し続けている太陽も，その意味では照明ということになるだろう。太陽が見える昼間は明るくて，夜は暗い。しかし，この照明を人間の視覚機能の一要素として挙げる人はいないだろう。それは，周囲の環境が明るいか暗いかだけの問題であり，照明そのものは視覚機能と直接関係のない存在であるからである。

では，機械がものを見るときにも，同じようにこの図式が成り立つのであろうか。単に，機械が画像情報を取得し，それを蓄積するだけなら，人間と同じ照明で十分であろう。しかし，もし，機械がその画像情報を何らかの形で認識し，判断をなさねばならないとすると，「こころ」のない機械に「どのようにものを見せるか」ということが重要な課題となる。

このときには，照明はもはや，単に物体を明るくする照明ではなくなるのである。

2.1　機械のものの見方

機械は，どのようにものを見るのだろうか。この素朴な疑問は，私がこの仕事についたときに，まず最初に抱いた疑問である。

私は，その時，既に前職で15年間，半導体集積回路の一形態として，マイクロコンピュータや信号処理プロセッサ，その他の論理LSIの設計開発に携わっていた。その後，出家して仏門に入り，５年間仏教を学ぶことになるが，その前の大学時代には材料関連の物性を学んでいた。そして，今は照明である。一見，何の連関もないように思えるが，不思議なもので，人生のうちで経験する様々な物事には何一つ無駄なものはなく，すべてが連関している。すべてが活かされて初めて，次なる道が現れてくる。人生とは，そうした誠に不思議なものである。

私の場合は，照明の仕事に携わることで，それまでのすべての経験と学びが，まるで１つの織物として織り込まれていくような，不思議な体験をした。

果たして，私は，それを予定してこの世に生まれ，これまでの人生を過ごしてきたのか，若しくは，全くの偶然にこの世に生まれ，たまたま様々な仕事にめぐりあい，自らの人生を展開してきたのか。

仏教の教えるところでは，これは前者が真実であり，この世での出来事は，

・人生で経験したものには何一つ無駄なものはなく、すべてが活かされて次なる道が開かれる。これは、まるですべての経験が、人生という織物を織っているようだ。

図 2.1　人生における種々の経験とその原因・結果の連鎖

そのすべてが因・縁・果の法則の下にあって，その中で学び取れるものを学び，「こころ」を磨いていく。

この３次元で生きていくために，様々な物が与えられる。肉体も，目や耳や，その他の感覚器官もそうである。我々人間は，そのようにして，この世界でひとときの限られた時間を過ごしている存在である。では，機械はどうだろうか。何のためにものを見，何のために動作しているのだろうか。

私がマイコン等の設計開発に携わっていた当時は既にCMOS[注1]の開花期であ

注1　CMOSとは（Complementary Metal Oxide Semiconductor）の頭文字を取った呼称で，半導体の上に絶縁体である酸化皮膜を介してゲートと呼ばれるアルミや銅などの金属膜を冠した構造のMOSFET（金属酸化膜半導体電界効果トランジスタ）において，その半導体部分がp型とn型のMOSFETを組み合わせて，入力電圧に対して片方が同通すればもう片方が電気的に遮断状態となるよう相補形に回路を構成したゲート構造のこと。

ったが，例えばCMOSにおける１つの論理素子は，その入力の２倍程度の個数のMOS型トランジスタで構成され，どんなに複雑でどんなに大規模になっても，その動作は，それぞれのトランジスタの動作の組み合わせで実現されている。では，システム全体の動作は，どのように制御されているのであろうか。

2.1.1　論理回路の機能動作

機械としてのシステムの動作は，当然のことながら，ある決まった論理によって組み立てられている。では，その論理を実現する論理回路がどのようになっているのかを考えてみよう。

まず，単純な論理回路の動作を考えてみる。論理回路は，組み合わせ回路と順序回路に分類されるが，組み合わせ回路とは，その回路の出力がその時点の入力で一意的に決まってしまう回路のことである。一方，順序回路とは，以前の入力による状態を記憶しており，この状態と入力によって出力が決定される回路のことである[1)]。この状態も入力の一部と考えると，結局，それらを入力とする組み合わせ回路として設計することが可能である。ということは，入力が決まればその組み合わせによって出力が一意的に決まるのが論理回路だといっていいだろう。

その論理回路の動作に関して，その回路を構成するどのトランジスタ１個が動作不良を起こしても，その動作の過程では，それが冗長な論理でない限り，何らかの形で全体の論理動作に影響が及ぶことになる。すなわち，どんなに巧妙に造られたコンピュータでも，その実体は１個１個のトランジスタの動作に帰せられるということである。

１個１個のトランジスタ素子の動作は，それぞれの端子の電気的な相対関係で決まり，その動作を数式で表すことができる。

つまり，その１個１個の動作は，すべて完璧に客観的な物理量で決めることができ，そこに心理量の入り込む隙間はない。論理素子１個１個の動作は，それを構成する１個１個のトランジスタの物理モデルで，完璧にシミュレートすることができる。実際に，初期の回路設計は，そのようにして，それぞれのトランジスタの電気特性やサイズ，そしてレイアウトを決めていくのである。

皆さんは，コンピュータがものを考えているように思われているかもしれないし，そのコンピュータが複雑かつ巨大化していくと，コンピュータが自分で意志をもつようになる可能性があるように思われているかもしれない。しかし，これは単なる幻想であって，この先，どんなに科学が進歩しても，機械が意志をもってものを考えることができるようになる，などということは絶対にない。

なぜなら，1個1個のトランジスタ，若しくは将来それに変わる素子が出てきたとしても，その素子自身が自ら能動的に動作することは，決してないからである。もし，そんなことが起これば，少なくとも現在の技術では，その素子で構成する論理ブロック全体の動きを制御することも適わなくなるであろう。

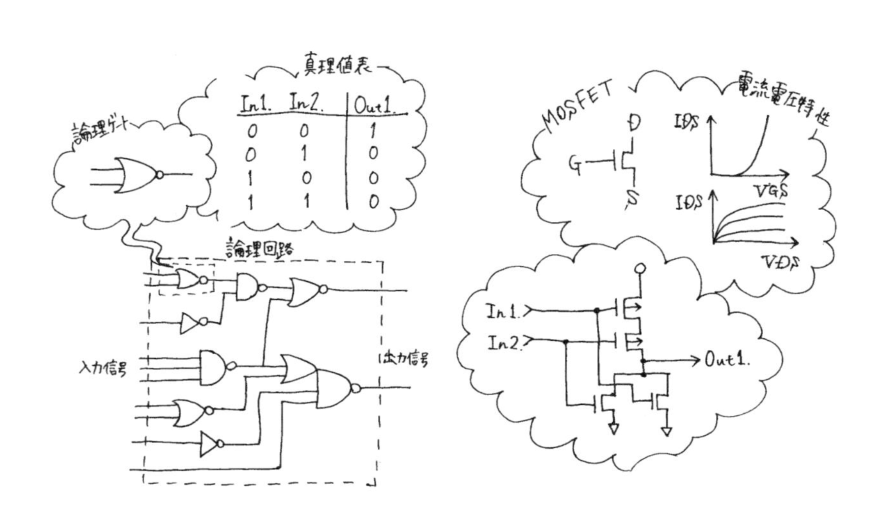

図 2.2 論理回路のハードウェア構成と動作

2.1.2　マイコンの論理動作

コンピュータを半導体集積回路として実現したマイコンも論理回路で構成されている。図2.3に示すように，その大まかな機能ブロックは，動作プログラムを格納するメモリと，それを或る一定の規則に従って読み出していくメモリ制御部，読み出したプログラムを解読して必要な制御信号を生成するデコーダ部，その制御信号に基づいて順序よく必要なデータを演算処理するための内部制御信号を生成するランダム論理部と，実際にその内部制御信号に基づいて演算処理をする演算部，及び外部とのデータや制御信号等のやり取りを行う外部入出力インタフェース等の論理ブロックから成っている[2)]。

一般には，このコンピュータのデコーダ部とそれに続くランダム論理部，及

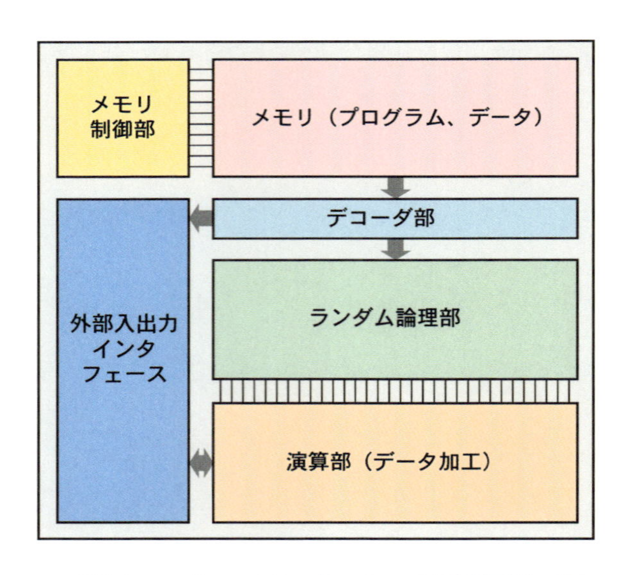

図 2.3　マイクロコンピュータの機能ブロック図

び演算部で構成される部分をCPU（Central Processing Unit）中央処理装置として，これを思考する人間の脳に例え，メモリが記憶，周辺機能が視覚などの感覚と手足を動かす神経などとイメージされるようである。しかし，CPUが思考に対応するといっても，人間のように意識をもって自発的に考えることはない。CPUは，あらかじめ用意された命令の組み合わせ（これをプログラムと呼ぶ）がメモリに記憶されており，その命令を順次読み出して実行する。また，CPUが実行する命令は，人間が普通に実行できる「歩く」とか「話す」などといった高度なものではない。CPUはメモリの或る場所から「データを呼び出す」や「書き込む」，あるいは，足し算や掛け算，論理演算を行うという単純な命令を実行するだけである。そして，そのような単純な命令を組み合わせることによって，一定の複雑な機能を実現することができるだけなのである。例えば画像処理用途では，一般的なマイコンだけでなく，積和演算用の演算器を積んだ信号処理プロセッサなどが使用され，一定の条件下で，一般的な２値化処理をはじめ，或る図形を回転させたり引き延ばしたりするアフィン変換，画像から直線や円を検出するハフ変換などを構成することができる。

2.1.3　機械がものを見るということ

既に，マイコン内の外部入出力インタフェース部が，入力側だと，人間でいう視覚や聴覚など，感覚として外部の物理量の変化を感知する機能，出力側だと，一定の条件がマイコン内部で成立した場合に，あらかじめプログラミングしておいた動作をするよう外部にトリガをかけたり，直接制御したりする運動制御機能などに見立てられる，ということを述べた。しかし，これも既に述べたように，人間が見たり聞いたり，話したり，手足を動かしたりするような，多様な環境に応じて自発的に動作することは適わない。自発的に動作するためには，仏教的にいうと，冒頭で述べたように「仏性」なるものが備わっている必要があるのである。

皆さんが手を動かしたり，目の焦点を合わせたり，ものを見たりするには，そのまえに，そのようにしようとする「思い」が必要であるが，これはそのようにプログラミングされているからしていることではない。これは，実に，我々には，仏神と同等の，「思い」と「行い」を自由に選択する力が与えられているからであって，その「思い」や「行い」は，単なる条件反射でもなければ，生体の単純な反応作用でもない。

しかし，人間でいうと，この単なる条件反射や，生体の単純な反応作用に対応する動作であっても，機械では，完全に制御された動作として，例えば，レンズの絞りを調節したり，焦点を合わせたり，ロボットアームを動かしたり，という動作をその時々で実現する必要があるのである。

最近の一眼レフカメラなどでは，フルオートに設定して，カメラを向けさえすれば，一定の条件下ではあるが，焦点を合わせて絞りやシャッタースピードを自動で設定することができる。しかし，そのためには，なによりカメラをその方向に向けて，ズーミングを調整し，撮像する視野範囲を決め，焦点や露出などを合わせる範囲やその場所，条件等をあらかじめ決めてやる必要がある。つまり，自発的に動作することは適わないのである。たとえ，それで，本当に見たい画像が撮像できたとしても，そのあと，今度はその画像をどのようにし

図 2.4　機械がものを見るのに必要なもの

て認識するかという壁が立ちはだかっている。

かくも，機械がものを見，そして見えたものを認識するには，単なるセンサーからの出力信号や画像データがあるだけでは難しく，なにより，得られた画像から，その撮像元の物体に対して，一体，その物体の「何を，どのように見るか」という，人間でいえば「思い」，すなわち意識に相当する部分を，どのようにして作り込むかということを，あらかじめ考えておかねばならないのである。

したがって，機械がものを見るためには，図2.4に示したように，あらかじめ，「どんな物体の，何を，どのようにみるのか」ということが決められていなければならず，そのためには，その機械への入力として相応しい画像情報が得られるよう，その撮像条件の最適化設計も必要になってくる。

2.2　機械のものの見え方

既にご紹介したように，ファインマン先生は「我々は色や光のバラバラの点を見ているわけではない[3)]」といわれたが，逆に，機械は，「色や光のバラバラの点」しか見ることができない。

つまり，対象とする物体の「何を，どのように見るか」という視覚機能の中核部分を，システムの中にどのようにして作り込むかということが，マシンビジョンシステムの構築においては最重要の課題になっているのである。

2.2.1　色や光のバラバラの点とは

我々人間が見る映像情報とは，一体どんなものなのであろうか。「そんなものは，簡単だ。毎日我々が見ている，目に映る景色そのものが映像情報にほかならない。」と思われかもしれない。では，目に映る景色のもとになっているものとは，一体何なのだろうか。

ファインマン先生は「色や光のバラバラの点」と表現されているが，光とは物体の各点から発せられている光のことであろう。人間の目は，物体の各点から発せられている光のうち，実際に目の瞳に入射する光を，再び網膜上の各点に集め，網膜上に存在する視細胞によってその光エネルギーを電気量に変換し，それを視神経によって脳に伝達している。この様子を，図2.5に示す。

物体から発せられている光を物体光[4),5),6)]というが，図によると，物体界面の点Pから発せられた物体光が，網膜上にある結像面の点P'に集められている様子が分かる。

ところで，真っ暗だと物体は光を発しないので，物体光が発せられるためには，その元となる光エネルギーが必要となる。これが，物体を明るく照らしている照射光である。

光が照射されて物体が明るくなるのは，その照射光の光エネルギーが一旦物体に吸収され，次の瞬間，物体が光源となって物体光（object light）を発するからである。すなわち，物体光の元になっているのは照射光であり，照射光はその物体の各点がもつ光物性によって，その光物性が異なれば物体光の変化となって，それが発現することになる。

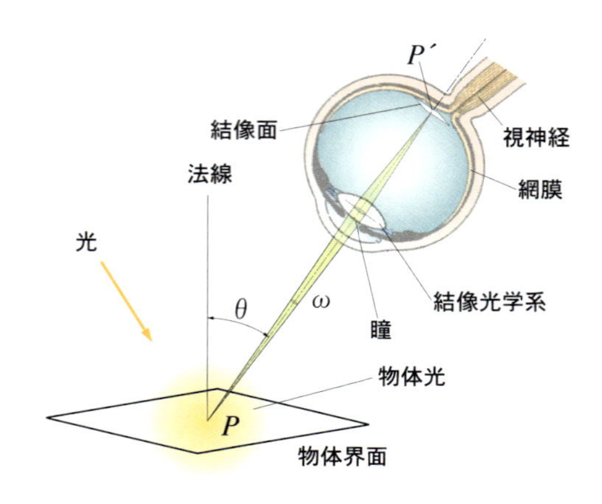

図 2.5　眼球による物体光のセンシング

色は人間の視覚における心理量であって，物理量ではないが，物体光のスペクトル分布の変化に対して，人間がそれを色のグラデーションに変換して，その変化を評価するための感覚量である。

色に関しては後述することとするが，ここでは，人間が見れば色が見えるが，機械は人間の精神世界の尺度である心理量をもつことはできないので，人間と同じように，人間が見る色を見ているわけではないことに留意されたい。

2.2.2　機械は物理量しか見えない

機械が見る画は，人間の見る映像とは違い，画像という言葉で区別して表現されている。映像とは，人間の見る視覚情報であり，画像とは，機械にインプットされる物理量の変化である。

ちなみに，映像も画像も，元は光と物体との相互作用，すなわち光物性の変化によって物体光が変化したその変化量を，眼球，若しくはカメラによって２次元の濃淡情報に変換したものである。

ただ，映像情報は，人間の精神世界における心理量によって評価され，認識されるが，画像情報はその画像の濃淡に変換されている物理量の変化量がそのすべてであり，その画像の濃淡プロファイルから，直接，所望の結果を導くしかないのである。

人間の視覚機能からの類推では，機械も，得られた画像情報から色々な可能性などを加味して，都度，適切な画像認識が行えるような気がしてしまうが，そのためには少なくとも２つの段階をクリアしなければならない。

第一の段階では，「その画像の濃淡が，どのような物理量の変化による濃淡なのか」ということが完全に判明していることが要求され，これが分からないと，機械は得られた画像をどのように解析してよいかが分からない。

第二の段階では，「得られた画像に，どのような画像処理アルゴリズムを適用して，どんな濃淡プロファイルが，どのような認識結果に結びつけばよいか」ということが完全に判明していなければ，その機械は誤動作してしまうことになるのである。

図2.6に，人間と機械が同じようにリンゴを見た場合を示した。このリンゴには，映像としては，一部が黒く見える箇所がある。人間は，この黒くなった部分を，なぜ黒くなったのか，様々な可能性を思い描いた上で認識するが，機械は，単に「リンゴに黒い部分がある」としか見ることができない。

結局，機械にこのリンゴの黒い部分を的確に見せるためには，その黒い部分が，鳥がつついてできたものなのか，虫が食ったものなのか，若しくは腐ってできたものなのか，実は単なる黒いシミで問題無いものなのか，それを機械に入力する画像の濃淡情報として変換してやらなければ，機械はその画像を的確に認識することができないのである。

実は，対象物の「何を，どのように見るか」ということを画像の濃淡上に的確に反映させることができるのは，照明とその撮像系の最適化設計しかないのである。

・人間は、様々な可能性を想定して演繹的に映像情報を自発的に評価認識することができる。

・機械は、入力画像の濃淡情報から、単に、物理量の変化しか評価することができない。

図 2.6　人間の見る映像の評価と機械の見る画像の評価の違い

参考文献等

1) 高橋 寛: “論理回路ノート”, コロナ社, Mar.1979.

2) Saburo Muroga: “VLSI SYSTEM DESIGN”, JOHN WILEY & SONS, Inc., 1982

3) リチャード・P・ファインマン, 富山小太郎 訳: “ファインマン物理学 II 光・熱・波動”, p.116, 岩波書店, May 1968.（原典：Richard P. Feynman et al., The Feynman lectures on physics, Addison-Wesley, 1963）

4) 照明規格：JIIA LI-001-2013 :“マシンビジョン・画像処理システム用照明 ―設計の基礎事項　と照射光の明るさに関する仕様”, 日本インダストリアルイメージング協会(JIIA）, Apr. 2013.

5) 増村茂樹: “マシンビジョンライティング応用編～マシンビジョン画像処理システムにおけるライティング技術の基礎と応用～”, pp.36-46, 日本インダストリアルイメージング協会, Jul.2010.（初出：“連載（第39回）ライティングシステムの最適化設計（8）”, 映像情報インダストリアル, Vol.39, No.6, pp.110-111, 産業開発機構, Jun.2007.）

6) 増村茂樹: “マシンビジョンライティング実践編 - 画像処理 照明技術～マシンビジョン画像処理システムにおけるライティング技術の基礎と応用～”, pp.109-111, 日本インダストリアルイメージング協会, Nov.2013.（初出：“連載（第93回）最適化システムとしての照明とその応用（27）”, 映像情報インダストリアル, Vol.43, No.12, pp.81-87, 産業開発機構, Dec.2011.）

＊＊＊＊＊＊＊＊＊＊＊＊＊＊＊＊＊＊＊＊＊＊＊＊＊＊＊＊＊＊＊＊＊＊＊＊＊＊＊

コラム ②　仏教的観点からみたマシンビジョン

私は，かつて出家僧として仏門に入ったことがあるが，仏道を学んだものとして，マシンビジョン画像処理システムがどのように見えるか，ということについてお話をしてみたいと思う。

生きているものと，そうでないものとの違いは何か。それに明確に答え切るだけの力が，我々にあるだろうか。現代の日本という国は，その区別がどうしてもつかないという意味で，彼の唯物論国家のロシアと中国を抜いて，世界の第一等国のようである。そのようにいうと，「そんなことは分かりきっている」という声が聞こえてくるようである。「生きている人間と死人の区別位は，誰にでもつく」と。本当に，そうであろうか。

日本こそ，かつての武士道の輝きに見るように，あの世とこの世の関係性を最も理解していた国であった。それが，あの大東亜戦争の敗戦国として，今度は世界に例を見ない，宗教抜きの国家が人為的に作られたのである。しかも，日本国が，そのすべての命運をかけて戦った大東亜戦争を，単なる侵略戦争として我々は教え込まれてきた。近隣国に多大の迷惑をかけた，と教わってきた。いわゆる，自虐史観である。彼の大戦が，西欧列強の植民地支配を終わらせるための，人類史に輝く聖戦であったことは，日本軍によって独立することのできた国々や，欧米各国の有識者の間では，既に公然たる事実である。日本人ばかりが，この自虐史観という，巧妙に図られた洗脳教育と，もうひとつ，これも強力な洗脳を徹底された宗教に対する嫌悪感から，目を覚ますことができないでいる。

なぜ，このマシンビジョンライティングを解説するにあたって，このような話をしなければならないか。それは，筆者自身がこの20年足らずの時間を，いわばこの洗脳状態との戦いに使ってきたからである。視覚機能は，生きるもののもつ霊的機能の一部なのである。ここで，霊的機能という言葉を使ったが，これをもって偏った思想に染まった変な輩だと思わないでいただきたい。逆に，これは，全世界共通に深く理解されている概念であり，人間として存在していることの大前提であることを知っていただきたい。

宗教教育のない国など，世界では中国などと並んで極めて異例な国であり，宗教教育こそ人間としてこの世に生きていくための最も重要なベースであるために，それを強制的にはぎ取られた日本人が，世界でどれだけ疎んじられ，同時にその復活を切望されているか，私は欧州でも米国でも，イスラム圏の国々でも，それを肌で感じてきた者である。

＊＊＊＊＊＊＊＊＊＊＊＊＊＊＊＊＊＊＊＊＊＊＊＊＊＊＊＊＊＊＊＊＊＊＊＊＊＊＊

3. 機械にどのようにものを見せるか

生きている人間は，まさに生き生きとしてその目に映るものを認識し，視覚情報として，周囲の環境を的確に把握することができる。ところが，死者の目に映るものは，生きているときと全く同じ映像であるにも関わらず，死者はこの情報を自らの力で全く認識することができない。死して魂の抜けた肉体は，単なる肉の塊でしかない。たとえ，その機能は働いていても，自ら能動的に物事を認識し，判断することはできないのである。では，その肉の塊と，物質という存在としては同等の条件にある機械に，視覚機能をもたせるにはどうしたらよいか。このように問うと，多くの人は，「それは，難しいよ」と言うであろう。それは，あの世は否定しても，生きているものとそうでないものとの区別が，実際には感覚としてアプリオリに分かっているからである。

そのように，機械に視覚機能をもたせるのは，本当は，死んだ人間を生き返

(a) 亡くなった人間に、無理矢理リンゴを見せることはできない。

(b) 機械にリンゴを見せるには、人間と同じ手段では困難。

図 3.1　人間の肉体と心の機能の関係から、機械の動作を考える

らせるがごとくの，極めて難しい仕事なのである。だからこそ，私は，この仕事に誇りをもっている。

3.1　人間と機械の違い

これまで，機械に視覚機能をもたせるにあたって，機械は人間の視覚機能と同じような仕掛けでは動作しないということを述べてきた。それは，一言で言えば，機械には「こころ」という，物体を認識する主体がないことに拠っている[1]。では，物体を認識する主体のない機械に，どのようにして物体を認識させるのか。結局，これが，マシンビジョン画像処理システムを構築するにあたって，最初に押さえておかねばならないことであり，それがどこまで漏れなく，なおかつ安定に動作するように構築できるか，ということが最重要の課題なのである。

私は，これまで，数多くの専門の技術者とマシンビジョンシステムを構築する仕事をさせていただいたが，機械の視覚（machine vision）が人間の視覚（human vision）とどのように違うのかを十分に理解されている方は，残念ながら数えるほどしかおられなかった。驚くべきは，肝心の照明メーカーの技術者や営業担当者が，まずこのことを十分に理解していないことである。たかが照明に対して，なぜそのようなことが必要になるか。それは，照明が機械の視覚機能の中核部分を担っている[2]からなのである。

3.1.1　生物と無生物

なぜ，マシンビジョンに関係する専門技術者であっても，機械と人間の視覚を混同してしまうのか。その最大の理由は，「人間も単なる物質に過ぎない」とする，悪しき唯物思想[3]にある。

ここでも，「たかが照明の話をするのに，なぜ，話を唯物思想にまでもっていく必要があるのか」と，いぶかられる方も少なくないであろう。

しかし，それほどまでに，現代の人間は科学偏重で育ってきたのである。

確かに，近年，人間の遺伝情報のすべてが備わっているDNAなどの解析も進み，人間の隅から隅までの情報がすべてここにあるので，それを使えば，その人間と全く同じ個体，すなわちクローンを人工的に作り出すこともできるのである。これに関しては，技術的に，既に現実味を帯びているといっていいだろう。そんなことから，真顔でこのDNAこそが「こころ」の正体である，と言いきる科学者もおられるようである。

確かに，DNAには生体を構成するすべての情報が納まっている。しかし，実際には，それは生物を形成するための手段の1つにしか過ぎず，我々は，単にDNAの塩基配列と，それを基に形成された個体の，形態上の違いを対応づけたに過ぎない。生物がそのDNAの情報を元に，なぜ，どのように組織を形成していくのか。そのメカニズムを知っているわけでないのである。

なぜ，その形態でなければいけないのか。一つ一つの細胞はなぜ，それぞれ，そのように分化してゆく必然性があるのか。分からないことだらけなのである。DNAを単に，例えば細胞液のようなもののなかに浸しておくだけで，生物ができあがるのであろうか。否であろう。

生物学的に，生物と無生物の違いが，このDNAに見られるように，自己を複製できるか否か，という点にあるなら，まさにこのDNAはその鍵を握っているのかもしれない。しかし，「DNAが，『こころ』？」というには，論理が飛躍しすぎてはいないだろうか。DNAそのものが，ものを考えているわけではない，ということは容易に納得できるし，どんなに複雑でも，一定の塩基配列が，意識をもつなどということはないのである。

3.1.2　新パラダイムと価値観

結局，この世の次元構造の中にあって，我々は，目に見えるもの同士の関係のみで存在しているように見えているが，実際には，目に見えないものの力が至る所に働いているのではないか。そのようにいうと，前時代的だとご指摘を受けそうだが，現代の最先端の科学は，漸く，この真実の次元構造の謎に迫ろうとしているのである。

今から380年余り前に，当時の権威と秩序を守るための異端審問で，ガリレオ・ガリレイが「それでも地球は動く」といったかどうかは分からないが，現代は地球が太陽の周りを回っていることは小学生だって知っている。

また，最近，まだ記憶に新しいところでは，理研の小保方さんが，例えて言えば現代の異端審問において，「それでも，STAP細胞はあります」と誇らしく言い放たれた。

STAP細胞を通して，彼女が本当に生命の起源に迫ろうとしていたのだとしたら，そして，それは不信のまっただ中での，いわゆる霊的波動の悪い環境下での実験では，再確認などとてもなしえないものだとしたら，我々は，地動説以来の大いなる過ちを犯したことになる。

生命の本質に関わる本件に関しては，この世的な物質論のみで，まるでレシピを作るがごとく，その実験の条件をトレースするだけでは，STAP細胞を誕生させることはできないと思われる。

・天文学の父ガリレオ・ガリレイ（Galileo Galilei）は、真実の探究のため、当時の体制派の価値観を塗り替えようとしたが、異端審問に屈した。

・現代の異端審問に屈した小保方さんの STAP 細胞は、現代の価値観を変えることができるだろうか。

図 3.2　新たなパラダイムは価値観の転換を伴う

実は，画像処理用途向け照明の世界でも，これまで経験的に培ってきた照明技術を手放したくない方々が少なからずおられ，図式としては地動説と何ら変わっていないといっても過言ではないであろう。新たな価値観が提示されるときには，それまでの価値観を少なからず塗り替えなければならないことから，その抵抗も大きく，時に，その人の社会的存在までも抹殺せんとするのである。

価値観とはそうしたもので，それはその大前提のところまで行き着くものなのである。たかが照明技術を論じるにあたって，唯物論や，生物と無生物の違い，などという価値観の前提となっている部分にまで遡って話をせざるを得ないのは，そのためなのである。

そして，その大前提の部分の考え方をくらっと変えたときに，はじめて新たなパラダイムを受け容れることができるようになるのである。

3.1.3　無生物である機械の視覚

既に，米国MITの教授で，AIの父と呼ばれているミンスキー先生が，仏教教学を研究課題として取り組んでおられる[3)]ことはご紹介したが，実に，仏教は，極めて論理的に，人知を越えたこの世の成り立ちから，人間としてのあり方までを，分かりやすく説明しているのである。

仏教の開祖である釈迦は，単に自分の勝手な思いつきを，広めたのではない。次元を越えて，彼の目には，我々の見えないものが見え，彼の耳には我々の聞こえない声が聞こえたのである。

皆さんは，生物は何のために存在するか，答えられるだろうか。もし，その問いに答えられたら，無生物から生物を作ることもできるかもしれない。しかし，それは人間には難しいだろう。

それと同じことを，我々は機械の視覚であるマシンビジョンでやろうとしているのである。

確かに，機械の目であるカメラで撮像した画像を，単に蓄積していくだけなら，それは簡単にできるだろう。しかし，それらを，一定の方向性で認識し，区別して判断を下し，外界の変化に対して対応していくためには，カメラを，いわゆる人間の目と思ってはならない。画像の解析をするコンピュータを，いわゆる人間の脳と思ってはならない。ましてや，機械も「こころ」をもち得るのだ，などということを決して思ってはならない。なぜなら，能動的に動作することのできない機械に，自発的な判断を要する視覚機能などというものは，本来，もてない機能だからである。

ただ，その視覚機能を使用しているかのように，似せて動作させることは可能である。

3.2　機械に見せる画

ここで，機械の視覚を考えるにあたり，「入力された画像を，コンピュータで認識する」ということを考えてみよう。

この命題は，正しいようで，実は間違っている。コンピュータは，能動的に画像を認識することができないからである。では，どのようにすれば機械に視覚機能を作り付けられるのであろうか。

3.2.1　機械の動作アルゴリズムを構築する

機械の視覚においては，機械自身が物体を認識するのではなく，人間の視覚においては単なる映像情報なのだが，機械の視覚では，その情報を元に，そのあと決められた計算手順によって，所望の計算結果に行き着くことができるようにする必要がある。すなわち，入力される画像のどんな特徴情報に対して，どのように処理をし，その結果をどのように判断して結論に結びつけるかという，論理的な道筋を構築してやる必要がある[3)]のである。

例えば，リンゴをリンゴとして認識させるためには，その判断に到るための条件を決めてやらねばならない。

例えば，入力画像としてリンゴとバナナとブドウの３種類しかない場合に

・機械がリンゴを見るためには、その物体の「何を、どのように見るか」
という認識アルゴリズムを構築しなければならない。

図 3.3　機械の視覚機能を構築する

は，リンゴの「形」としての特徴情報が認められれば，それだけを判定条件としてリンゴと認識してもよいかもしれない。

しかし，リンゴと梨が混ざってくる場合には，リンゴと梨を判別するために，例えば「色」という特徴情報も見なければならないだろう。それで難しければ，「柄」や「表面状態」なども，その判定条件に加えなければならないし，それでも難しければ「大きさ」やリンゴ特有の「ヘタの形状」などの特徴情報を加味する必要があるかもしれない。

すなわち，コンピュータは，あらかじめ決められた変換式によって，入力された画像データを処理し，それによって得られた結果を基に，その画像を構成するデータがどのようになったかを特徴量として，例えば，或るしきい値を設定して判定するのである。

しかし，この変換がどんなに複雑になったとしても，元の入力データに，目的とする特徴情報が含まれていないと判定することはできないし，たとえ特徴情報が含まれていても，画像としてその特徴情報と区別できないノイズ成分が含まれていると，その判定は誤判定となる可能性が高くなる。

そして，何より重要なことは，コンピュータにおける処理内容があらかじめ決まっているということは，その判定結果を左右するのは，ひとり，そのコンピュータに入力される画像データ以外にはない，ということである。

つまり，機械の視覚の場合は，画像が入力された段階で，その最終判定を含め，すべてが決まってしまうということである。確かに，それ以前の画像入力に対して，画像変換に関連する内部状態を変化させることも可能だし，その他の環境に関連する変化要素が加味されることもあるだろうが，それにしてもその一連の画像データによって，すべてが一意に決められることに違いはない。

結局，機械の視覚では，画像を見てから，それがどのような画像であるのかを考えるのではなく，画像を見た途端に，それが何であるかが決まってしまっているということが，人間の視覚との大きな違いなのである。

では，その入力画像には，どのようなことが求められるのであろうか。

3.2.2　機械の視覚のための画像

これまで，機械が見る画像は，人間の見る画像とは違う，ということを様々な方向から述べてきた。では，どのように違うのか。それは，まさに，着目する特徴情報が，あらかじめ決めておいた方法で，判別可能かどうかという点にある。

被写体の「何を，どのように見るか」ということは，視覚機能の中核をなす機能である。つまり，ここに，その物体をどのように見て，何を判断材料とするか，ということがすべて含まれているのである。

そして，ここで重要なことは，それが，その画像が入力されたあとでなされるのではなく，その画像が入力される前になされていなければならないということである。この点が，人間の視覚用途向けの場合と，決定的に異なっている点なのである。

すなわち，人間の視覚においては，映像を見てから，その映像をどのように見るかということが，視覚機能の中核機能として働いているが，機械の視覚では，画像を取得する前にこの部分が機能し終わっている必要があるのである。

つまり，機械の視覚機能を実現するには，その物体の「何を，どのように見るか」ということが，既に入力される画像の濃淡情報に反映されていなければならないのである。

画像とは，物体光の明暗情報を２次元に展開したものであり，その物体光の明暗を決めることができるのは，その物体光のエネルギーの元になっている照射光以外にはない。すなわち，その物体に光を照射している照明系と，それによって発生した物体光の明暗を，どのように捕捉するかということを決めている結像光学系，及び撮像光学系によって，その画像の濃淡は決定されている。

結局，機械の視覚においては，物体に光を照射する照明系が，その物体の特徴情報に対して，どのような物体光の明暗を発生させるかということを決めており，更にその結果発生した物体光の明暗を，どのように画像の濃淡に変換するのかということを，結像光学系，及び撮像光学系，すなわちレンズとカメラが決めている，ということである。

これが，機械の視覚，すなわちマシンビジョンシステムにおいては，照明系，及び結像・撮像光学系の設計がその性能を決する，と言われている所以なのである。

参考文献等

1) 増村茂樹: “マシンビジョンライティング基礎編 - 画像処理 照明技術〜マシンビジョン画像処理システムにおけるライティング技術の基礎と応用〜”，pp. 2-4，日本インダストリアルイメージング協会，Jun.2007.（初出：“マシンビジョン画像処理システムにおける新しいライティング技術の位置づけとその未来展望，特集―これからのマシンビジョンを展望する”，映像情報インダストリアル，vol.38, No.1, pp.11-15, 産業開発機構, Jan.2006.）

2) 増村茂樹: “マシンビジョンライティング応用編～マシンビジョン画像処理システムにおけるライティング技術の基礎と応用～”, pp.1-5, 日本インダストリアルイメージング協会, Jul.2010.（初出：“連載（第32回）ライティングシステムの最適化設計（1）”, 映像情報インダストリアル, Vol.38, No.12, pp.56-57, 産業開発機構, Nov.2006.）

3) 増村茂樹: “マシンビジョンライティング実践編 - 画像処理 照明技術～マシンビジョン画像処理システムにおけるライティング技術の基礎と応用～”, pp. 41-50, 日本インダストリアルイメージング協会, Nov.2013.（初出：“連載（第72回）最適化システムとしての照明とその応用（6）”, 映像情報インダストリアル, Vol.42, No.3, pp.65-70, 産業開発機構, Mar.2010.）

4. 物体の何をどのように見るか

先頃，満を持して，米国に本拠地を置く国際研究チーム，レーザー干渉計重力波天文台（Laser Interferometer Gravitational Wave Observatory）(LIGO)が，重力波の直接観察に成功したと発表した。これがどのような意味をもつのか，計り知れないものがあるが，少なくとも，重力の元なるものも電磁波などと同じような波動であって，空間を伝搬してくるものだということが実証されたのである。

私達の住んでいるこの3次元空間は，まさに質量のある世界であり，それが時間と重力によって大きな束縛を受けており，それゆえにその存在を保っている。今回の重力波の直接確認は，その束縛を解き放つための第1歩となることだろう。

この世界に住む我々は，自分の目でものを見ることによって，様々なものを認識している。その主な手段は可視光であり，すなわち，電磁波の或る特定の帯域の，主にそのスペクトル分布の変化を色に変換し，物体に色を付けて認識している。

我々は，ともすれば，目で見えるこの世界がすべてだと思ってしまうが，実は，その視覚機能は我々の「こころ」の世界，つまり精神世界で機能している。そして，視覚機能そのものがこの3次元世界で閉じた機能ではないことにより，それを機械で実現しようとすると，単にセンサーで光の変化量を測って，その変化量がどの程度だから「これは花です」などと，簡単にその認識結果を得られるものではない，ということが分かってきた。

機械にとっては画像情報といっても，突き詰めれば，光センサーで得た，単なるピクセルごとのバラバラの光の明暗情報に過ぎず，その情報から所望の結果を導くのに，まさに暗中模索でこの半世紀近くが費やされたといっていいだろう。

本書では，その物体認識の原点が照明にあり，照明といっても「物体を明るくする」照明ではなく，「光の変化を如何に発生させて，その変化を如何に安定に捕捉するか」という照明であることを解説させていただいている。

これまでに述べてきたように，マシンビジョンシステムにおいては，照明がものを見るのである。そして，その照明がものを見て判断することができるように，レンズやカメラ，そして画像処理をするコンピュータが付随しているのである。

このようにいうと，「それは違う，照明はあくまでも物体を光で照らしているだけだ」と主張される方も少なからずおられるだろう。だからこそ，私は，ここに，パラダイムシフトが必要だと考えている。そしてそれは，なにより，マシンビジョン向け照明の仕事を通じて培ってきた，手応えのある照明技術が，ここにあるからである。

4.1　物体の「何を，どのように見るか」

マシンビジョンシステムでは，物体の「何を，どのように見るか」という役割を，照明が担っている[1)]。これを初めて聴かれる人は，大いに違和感を抱かれるであろう。しかし，このことは，これまで述べてきたように，視覚情報を認識する主体のない機械にとっては，避けて通れない道なのである。すなわち，マシンビジョンシステムでは，まさに照明技術こそが，そのシステムにとっての視覚機能そのものとなっているのである。

人間の視覚を考えているかぎり，「物体の，どんな情報を，どのように見るか」などという課題自体，いちいち，とりたてて考えることはない。それでも，平面上のわずかな凹凸や歪みなどを見る場合には，自然にその面を斜に見通すようにしていることがある。確かに，見にくいものを見る場合には，目を細めてみたり，遠ざけたり，斜めにしたりして，なんとかその特徴点が目立つようにして見ようとしていることがよくある。

マシンビジョンにおける照明もこれに似ているところがあるが，実際にはアプローチそのものが全く異なっており，特にその最適化過程は，照明ありきで考える人間の視覚のそれとは，根本的に違うものとなっている。

つまり，光の当て方や，見る方向を変えて，なんとか見え方を変えてやろうとする，従来的ないわゆる照明手法ではないということである。

4.1.1 光物性を考える

物体と光との相互作用，すなわちその物体のもつ光に対する反応特性を，一般に光物性という。

マシンビジョン，画像処理システムにおいては，「その物体のどのような特徴情報に着目して，システムの視覚機能動作を構築するか」ということがその設計の骨子となっている。そして，次に考えなければならないことが，その特徴情報を如何にして得るか，ということである。

人間は，目で見さえすれば，それからあとは，その目で見た情報を「こころ」の部分で自動的に処理してくれるので，「目で見る」という入り口の部分では，あらかじめ，特に何も考えておく必要はない。

しかし，機械の視覚の場合は，画像情報として取り込んだ時点で，すべてが決まってしまう。

或る特徴情報に着目すると，その特徴情報をどのような光の変化で判別するか，すなわち，その特徴点において，他とは区別できる形で，「どのように，光を変化させるか」，そして「その変化をどのようにして捕捉するか」ということを，あらかじめ考えておかなければならない。

光の変化そのものは，光と物体との相互作用，すなわちその物体のもつ光物性で決まるが，その変化をどのように生じさせるかということは，その物体に照射する光の形態を，その光物性に合わせて最適化することによってしか，制御することができないのである。

図4.1に示すように，物体に光が照射されると，物体はその照射光のエネルギ

・物体に光が照射されると、物体はその照射光のエネルギーを吸収し、
自らが光を放つ２次光源となって物体光を放つ。

図 4.1　照射光と物体・物体光との関係

ーを吸収し，その次の瞬間，自らが光を放つ２次光源となって光を放つ。この時に物体から放射される光を，物体光という。

物体の画像情報は，この物体光の中に含まれる変化が，光の明暗，すなわち物体の各点の輝度情報として反映されたものである。この物体表面の輝度情報は，最終的に，使用する結像光学系で決定される。結像光学系は，光の変化を光の明暗に変換する役割を担っているのである[2)]。マシンビジョンにおける結像光学系の役割とその最適化については後述することとし，ここでは，まず，物体光の明るさについて考えてみたい。

一般には，物体に光が照射されると，物体が明るくなってものが見える，と考えているのが普通ではないだろうか。しかし，その物体の明るさを，前述の物体の特徴点において変化させるにはどのようにすればいいのだろうか。そんなものは，物体を明るくしさえすれば，自ずと見えてくるものなので，特に考える必要が無い，というのが人間の視覚の場合である。しかし，機械の視覚の場合には，それこそが実現する視覚機能の根幹をなしているものなのである。

4.1.2　物体の明るさについて

さて，では，物体の明るさはどのように決まっているのであろうか。一般には，明るく照らしたら明るく，光源が暗かったり，光源を物体から遠ざけたりすると暗くなる，といった感覚しかもち合わせていないのが普通であろう。かくいう私も，この仕事に就いた当初はそうであった。

図4.2に，この様子を示すが，確かに明るく照らすと明るく，提灯のようにぼおっと照らすと暗くなる。懐中電灯で照らすと跳ね返りの光が強くなるし，提灯だと，明るい反射光がなくなって全体が均一に見えるようだ。

ここで，物体から発せられている物体光は，その物体に照射されている光の

・物体から発せられる物体光は、照射光のエネルギーを基にしているので、照射光を変化させることによって、物体光の明暗を制御できる。
・物体光の明暗を制御する為には、物体光と照射光の関係を決めている、物体の光物性を解析することによって、照射光を最適化する。

図 4.2　照射光で、物体光を制御する

エネルギーを基にしている，ということを思い出して欲しい。

物体が明るくなっているのは，単に照射した光が跳ね返ってきているわけではない。事実，物体光は，確かに照射光のエネルギーを基にしてはいるが，照射光とは別物なのである。

したがって，この物体光と照射光の関係を決めている，物体の光物性を解析することによって，この照射光を最適化することができれば，物体光の明暗を制御することができるはずである。

4.2　照射光と物体の関係

それでは，照射光と物体との間に，どんな関係があるのかを考えてみたい。その１つの尺度として，一般にもよく知られている照度という単位がある。この照度というのは，物体表面の単位面積当たり，どの程度の光エネルギーが照射されているかという単位である。しかもその光エネルギーというのは，人間の目で見える範囲の光エネルギー，すなわち可視光の光エネルギーである。

したがって，機械の目で見える範囲の光エネルギーは，当然，人間に対する可視光とはその感度特性も含めて大きく異なっている。

つまり，機械で見える物体光は，既にその範囲も感度も，人間とは異なっており，既に照度という単位自体，本当は使えないことを注記しておく。このことは，極めて重要なので，あとで詳述することとするが，ここでは主に物体光の明るさと光源との関係について考えてみる。

4.2.1　光源からの距離と明るさ

照明と物体との距離が変わると，物体の明るさはどのように変化するだろうか。当然，図4.3に示したように，照明からの距離が離れると，暗くなる，というのが当たり前だと思われるのではないだろうか。果たして，本当にそうだろうか。

ここで，物体光の明るさをもう少し詳細に観察してみると，図4.2に示したよ

・照明と物体との距離が変わると、物体の明るさはどのように変化するか。
・一般的には、照明を近くから照射すると物体は明るく見え、遠く離すと暗くなると考えられる。
・果たして、本当にそうだろうか？

図 4.3　照明と物体間の距離と物体の明るさ

うに，指向性の強い光とそうではない光で物体が照らされたときに，それぞれ見え方は違っているが，どちらも，まるで照射光がそのまま跳ね返ってきたように見える部分とそうではない部分があることに気付く。

図4.4に，実際にリンゴを照明で照らし，その照明を物体から徐々に離して，その物体の明るさがどのように変化するか，実験した結果を示す。

図4.4のリンゴには，リンゴに光を照射している照明がそのまま映り込んだように見える箇所と，そうでない部分がある。

これをよく見てみると，リンゴ全体の明るさは，照明を遠ざけると暗くなるが，リンゴの表面に見られる照明の映り込み部分の明るさは，照明との距離に依らず，一定であることが分かる。

この照明が映り込んでいる部分は，照明を遠ざければ，リンゴから見た見か

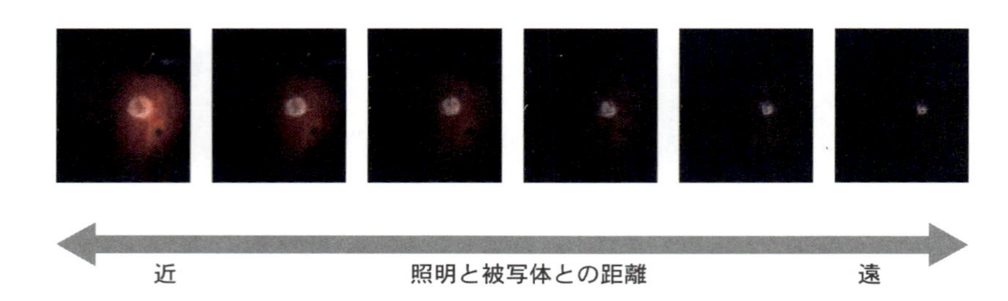

・照明と被写体との距離を変化させて、リンゴの画像を撮像した。
・リンゴ全体の明るさは、照明を遠ざけると暗くなるが、リンゴの表面に見られる照明の映り込み部分の明るさは、照明との距離に依らず一定であることが分かる。

図 4.4　照明と被写体との距離によるリンゴの明るさ変化

けの照明の大きさが小さくなるので，明るく光っている部分はその大きさが変化するが，その部分の明るさそのものは変わっていないことに気付かれるであろう。

或る条件下でこのようなことが起こるのだが，私は，実際に実験室でこの現象に出くわしたとき，それまでうまく制御できなかった物体の明るさが，これで或る程度，思ったように制御することができると思い，小躍りしたことを思い出す。

実際には，照射条件や観察条件によって，明るさが変化する場合もあるが，その明るさは明らかに照度ではなく，輝度に比例していることを突きとめたのである[3),4),5)]。

4.2.2　物体光の明るさ同定へのアプローチ

私は，これが，マシンビジョンライティングの原点にある現象であると考えている。そこで，私は，これがなぜそうなるのかが知りたくて，それまで参考にしていた照明工学の書籍や，その他物理関連の本を何度も読み返したが，この現象を明確に説明したうえで，物体の明るさを論じている文献を見つけることはできなかった。

しかしながら，それでも，リンゴ全体の明るさは，物体面の照度に比例しているが，この映り込みの部分の明るさは，照明の輝度に比例しているのである。

そんな簡単で，考えてみれば当たり前のことが，そんなに大袈裟なことなのか，という声が聞こえてきそうだが，確かにそのとおりではある。しかし，私は，この２種類の光を分けて考えることが，マシンビジョンライティングの原点であることを，この先，何回かに分けてお話しさせていただくことになると思う。

なぜなら，一般に，物体光の明るさは，大きく分けて，この２種類の物体光の明るさで決まっているからである。照度だけでも，輝度だけでも，その明るさを同定することは適わないのである。

物体光の明るさとその明暗のプロファイルを同定し，なおかつそれを最適化することができなければ，マシンビジョンシステム向けにその照明を最適化し，必要な画像情報を得ることもできないのである。

図4.5に，物体光の明るさとその明暗のプロファイルを同定するためのアプローチとして，照明と物体の明るさの関係を模式的に表した。

図の(a)は，物体を照射する光源がこちらを向いていて，観察者は光源そのものを見ている。このとき，当然，光源の明るさは，その光源の輝度で決まっている。

次に，図の(b)では，その同じ光源が鏡に映っていて，観察者は，その鏡に映った光源を見ている。このときも，鏡の反射率分は暗くなるが，その明るさは，やはり光源の輝度に比例している。つまり，光源を遠ざけても近づけても，光源自体は小さく見えたり大きく見えたりするが，それでもその明るさは光源の輝度に比例しているので，変わらないのである。

ここで，(b)の場合に，鏡に映った光源を見るのではなく，鏡自体を見たらどうだろうか。人間の視覚なら，自然に光源に焦点が合ってしまうかもしれない

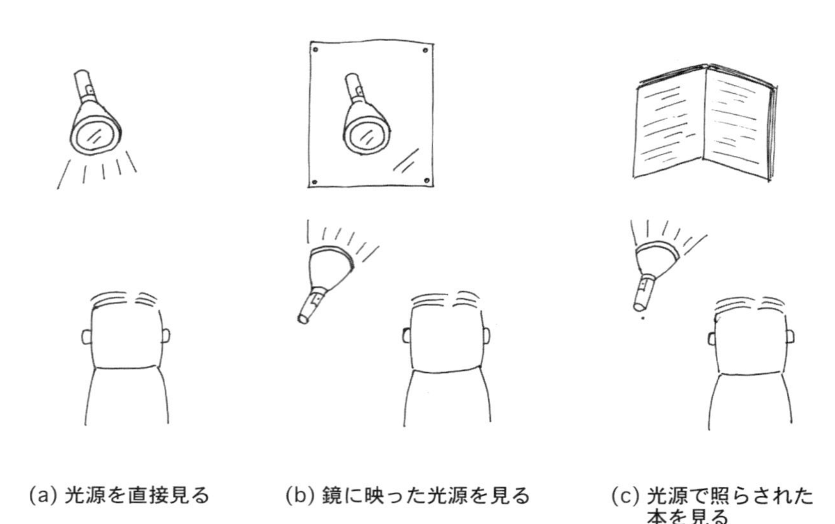

・(a) と (b) とでは、鏡の反射率が多少影響するものの、鏡に映った光源の明るさは、光源の輝度に比例して変化する。

・(c) での光源で照らされた本の明るさは、本の表面の照度に比例して変化する。

・(a) と (b) では、光源と観察者との距離を離せば光源が小さく、近づければ大きく見えるが、その明るさは同じとなり、(c) の本の明るさは距離を離せば暗く、近づければ明るくなる。

図 4.5　意外と知られていない、照明と物体の明るさの関係

が，鏡のキズだとか汚れなどに着目すると，目の焦点は鏡に合っており，そのとき，鏡に映った光源はぼやけてしまう。

しかし，このときに，なぜぼやけてしまうのか，どのようにぼやけてしまうのかが分かれば，これは実際に鏡から返されている物体光であり，実は既に元の光源から発せられた照射光ではなく，この物体光の明るさこそが物体の明るさになっているはずである。

この詳細に関しては後述することとして，結論を言うと，この物体光の明るさを決める別の要素も存在するが，少なくともこの鏡に映って跳ね返ってきた

ように見える物体光の輝度は，見事に光源の輝度に比例しているのである。

私は，この物体光を直接光（direct light）と呼ぶことにした。

一方で，図4.5の(c)では，光源で照らされた本から返された物体光を見ているが，こちらは散乱光（scattered light）と呼称して，その輝度が照度に比例する光として分類することとする。

散乱光の輝度は照度に比例するので，一般に，光源を遠ざければ暗く，近づければ明るくなる。

実際の物体からは，この２種類の光が様々な比率で放射されており，物体の明るさを同定するには，その成分光として直接光と散乱光を分けて考えなければ，その明るささえ同定することができない。ましてや，その明暗プロファイルを制御する，などということは，従来の経験と勘に頼っていては，到底できようもないことなのである。

少し慣れれば，誰でも簡単にできそうに思えて，実は専門家にしかできない仕事，それがマシンビジョン画像処理システムにおける照明の最適化設計なのである。

参考文献等

1) 増村茂樹: “マシンビジョンライティング基礎編 - 画像処理 照明技術～マシンビジョン画像処理システムにおけるライティング技術の基礎と応用～”, pp. 62-68, 日本インダストリアルイメージング協会, Jun.2007.（初出：“連載(第1回) ライティングの意味と必要性”, 映像情報インダストリアル, vol.36, No.4, pp.50-51, 産業開発機構, Apr.2004.）

2) 増村茂樹: “マシンビジョンライティング応用編～マシンビジョン画像処理システムにおけるライティング技術の基礎と応用～”, pp.195-198, 日本インダストリアルイメージング協会, Jul.2010.（初出：“連載“（第54回）ライティングシステムの最適化設計（23）”，映像情報インダストリアル，Vol.40, No.9, pp.59-63, 産業開発機構, Sep.2008.）

3) 増村茂樹: “マシンビジョンライティング実践編 - 画像処理 照明技術〜マシンビジョン画像処理システムにおけるライティング技術の基礎と応用〜”，pp. 234-237，日本インダストリアルイメージング協会，Nov.2013.（初出：“連載（第96回）最適化システムとしての照明とその応用（30）”，映像情報インダストリアル, Vol.44, No.3, pp.69-75, 産業開発機構, Mar.2012.）

4) 増村茂樹: “マシンビジョンライティング応用編”, pp.153-162, 日本インダストリアルイメージング協会，Jul.2010.（初出：“連載（第56回）ライティングシステムの最適化設計（25）”，映像情報インダストリアル，Vol.40，No. 11, pp.59-63, 産業開発機構, Nov.2008.）

5) 増村茂樹: “マシンビジョンライティング応用編”, pp.166-174, 日本インダストリアルイメージング協会，Jul.2010.（初出：“連載（第58回）ライティングシステムの最適化設計（27）”, 映像情報インダストリアル, Vol.41, No.1, pp.69-73, 産業開発機構, Jan.2009.）

5. 物体光の分類と明るさ

我々は，言わずと知れたこの３次元世界の住人である。今回は，この３次元世界の物体を見るに当たり，何を見たら，その物体を見たことになるのか，ということを考えてみる。

さて，我々は３次元の存在なので，縦・横・高さという，ものを識別するために互いに比較することのできる要素をもっている。これが次元である。次元（dimension）というのは，ものを識別するための要素のことである。その要素が３つあるのが３次元世界である。しかし，では，これがすべてかというと，最新の物理学の分野でも，どうやらそうではないらしいことが，朧げながらに分かって来つつある。つまり，この３つの要素だけでは，その存在を説明しきれないものが，ミクロの世界にはたくさん存在することが，量子力学の分野などでも既に判明しているのである。

ところで，今を遡ること2500年の昔，既に釈迦が，その悟りの力をもって，この壮大な宇宙の成り立ちと理（ことわり）を説き，そして，それを或る程度理解し，弟子として活動していた人たちがいた，という歴史上の事実を認められるだろうか。釈迦を祖とする仏教は，言葉は古いが，この世の真実を論理的な言葉でこの世に残した，唯一最大の教えであろう。

翻って，１次元の世界を仮定すると，点の連続としての線の世界なので，その世界の住人は，自他を区別する基準は線の長さしかない。つまり，自分は，他人より長いか短いかである。２次元ならこれが面の世界になり，面の形や大きさといった基準が，自分と他人を区別する要素になる。

画像情報は，この２次元の情報である。我々は３次元の住人なので，似た人はいても，どこから見ても全く同じ人というのは，中々見つけられないというところまで複雑化する。それでも，３次元の我々は，４次元以降の情報を認識することは適わない。

しかし，３次元を越えた４次元以降の世界，遥か高次元の世界から見ると，自分という存在はどのように見えるだろうか。逆に，人間から見ると，この高次元存在は，まるで仏神のように輝いて見えることだろう。そして，この仏神への念い，すなわちこの大宇宙の法則に，自らの念いを合わせるということが信仰である。我々は，この信仰に拠ってしか，大宇宙と自分との調和を保つことができないのである。それを象徴的に捉えると一神教となり，現代も争いが絶えないが，これは信仰が悪いのではなく，それを理解する人間の認識力があまりにも狭いことに拠るのだと思う。

このように，存在の本質は３次元だけに閉じているわけではなく，人間における視覚機能も同様である。だからこそ，機械がものを見るためには，この３次元世界の尺度，すなわち物理量の解析のみによって結論に辿り着かねばならないので，その論理動作に最適化した画像情報が必要となるのである。

5.1　物体を見るということ

機械の視覚では，光がものを見る，という話をしてきた。しかし，人間は，目と「こころ」でものを見ている。頭を経由して，実際には「こころ」，すなわち心理世界でものを見ているのである。

その証拠として，様々な錯視という現象が紹介されている。しかし，この錯視は，単なる誤りや見間違いではない。積極的に，そのように見ようとしている，無意識下の意識とでも言うべき力がそこには働いている。

機械には「こころ」がないので，いわゆる人間における錯視はない。その代わりに，そこには，事実上の誤認識があるだけである。しかし，これは機械の誤りではない。結果的に誤りとなってしまったかもしれないが，機械は入力された画像情報に対して，プログラムされたとおり，正確に反応しただけである。機械のどこかが故障したり，調子が狂ったりして間違ったのではなく，機械そのものの動作としては正常なのに，誤認識が発生するのである。機械にとっては誠に失礼千万な話だが，機械とは悲しいものである。何があっても，それが動作上の何らかの異常が起こっていない限り，ただ黙々と動作し続けるのである。

さて，「物体を見る」ということは，どういうことなのだろうか。それは，とりもなおさず，「物体から発せられた，光の明暗を見る」ということである。では，人間の感じる光の明るさとは何か，機械の目，すなわちカメラで感じる明るさとはどのように違うのか。そして，なにより，物体から発せられる光は，どのような明るさの特性をもっているのだろうか。

5.1.1　光とその明るさ

既に，物体から発せられる物体光（object light）には，その明るさが，光源の輝度に比例する直接光（direct light）と，物体面の照度に比例する散乱光（scattered light）に，大きく分類される[1)]ことを述べた。では，その「明るさ」とは，一体どういうものなのだろうか。

人間の目に見える明るさは輝度といって，その物体や光源が，「人間の目に見える光エネルギーを，どれだけ発しているか」ということである。

私が，この仕事に就いた頃，この輝度と照度がどうにも理解できなくて難儀した思い出がある。確かに，式を提示されて，それを式として理解することはできる。しかし，それでは，本当に理解したことにはならない。いわゆる物理イメージで，感覚的に，立体的に，そしてなにより本質的に理解してはじめて，それを自由に使いこなすことができる。照明屋の新米だった頃，私は，これが本当には理解できていなくて，内心，実は随分恥ずかしい思いをしたものである。

まず，輝度（luminance）という言葉を使うと，これは測光量（luminous quantities）といって，人間の目が見える光（可視光：visible light）の明るさを示している[2)]。

しかし，図5.1の(c)に示すように，人間の目に見えない光（不可視光：

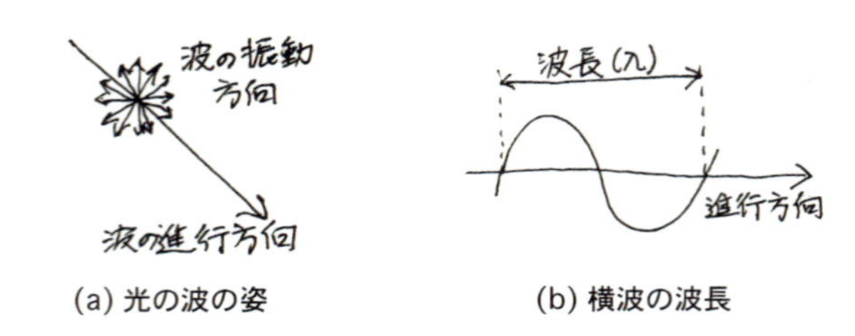

(a) 光の波の姿　　(b) 横波の波長

・光は電場と磁場が振動して伝わる電磁波という波のエネルギーで、波の振動方向が進行方向に対して直交する横波である。

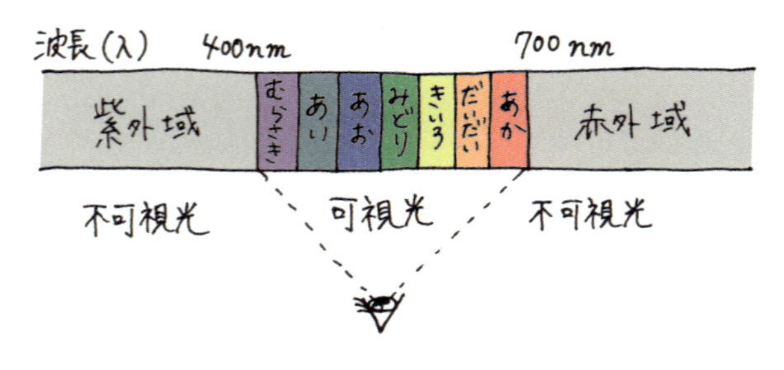

(c) 光の波長と人間の目で見た色

・電磁波の、人間の目に見える帯域は、波長にして大凡 400～700nm で、これを可視光と言い、それ以外の範囲の光を不可視光という。

図 5.1　見える光と見えない光

invisible light）もある。例えば，紫外域や赤外域の光である。

人間の目に見える光は，光の波長にして，おおよそ，400nm～700nm程度の光である。

波長が短い方に外れているのが紫外域（ultraviolet　region）の光であり，人間は波長の短い光が紫色に見え，その外側にある光ということでこの名前がある。

一方，赤外域（Infrared　region）の光は，人間には赤く見える長波長帯域の外側にある光である。もちろん，更にその外側の光も存在するが，人間の目には見えないので，明るさ，すなわち輝度としては0である。

人間の視覚を前提にするなら，見えない光の明るさは0とするのが妥当だろう。しかし，人間には見えなくても，機械の目に見える光もあることを考えると，それを考慮した明るさを考えなければならないことは，当然のことであろう。

5.1.2 光の作用と明るさとの関係

図5.1の(a)に示すように，光は，その進行方向に伝搬する波のエネルギーであり，波の振動方向は光の進行方向に直交している。そのうちの或る振動方向の変位を，波の進行方向の位置に対してプロットすると，図5.1の(b)に示すように波の形が現れる。これは，丁度，水面に現れる波の姿を，波の進行方向で切ってその断面を見たものと同じである。

波長の順に光を並べると図5.1の(c)に示したように，人間の目に見える範囲はごく僅かであり，その範囲より外側の光も，人間の目には見えないだけで光としては存在し，物体との相互作用も起こしている。

ここで，図5.1の(c)に示したように，可視光を人間が見ると，その波長成分ごとに色がついて見えるが，これは，実際に光に色がついているわけではなく，人間の側が「こころ」の中で心理量としての色の尺度をもっており，光に勝手に色を付けて見ている，というのが真相である。これに関しては，マシンビジョンライティングの最適化設計においても重要となってくる事項の1つであるので，後に詳述することとする。

夏になると，最近は紫外線情報なるものが出されるが，これは，暑さ寒さに関係なく，人間の目には見えなくても，人間の細胞に対しては作用し，日焼けや皮膚ガンなどを引き起こす波長の短い光が，可視光と一緒に太陽から放射されていることによる。図5.2に示すように，室内では，いくら明るい環境でも，紫外線が照射されている日焼けサロンでもない限り，日焼けはしない。

また，図5.3に示すように，日傘の代わりに雨傘を差すと，太陽からの強い日

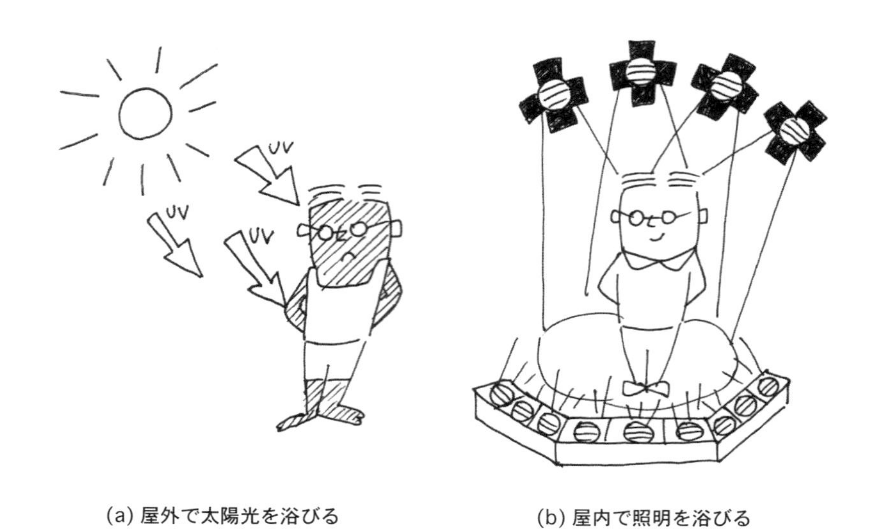

図 5.2　見えない光、紫外線の作用

差しは同じように遮られて影にはなるが，雨傘の場合はまるで傘を差していないときと同じくらいに暑い。これは，目に見えない赤外線が雨傘を通して照射され，身体にあたってその温度を上げるからである。

紫外線も赤外線も，どちらも目には見えないので，紫外線や赤外線だけだと真っ暗だが，我々の皮膚や物体に対しては一定の作用がある。

光のエネルギーEは，その周波数νに対して，プランク定数hを用いて，（5.1）式に示すように，表すことができる。ただし，nは量子数である。

$$E=n\,h\,\nu \qquad (5.1)$$

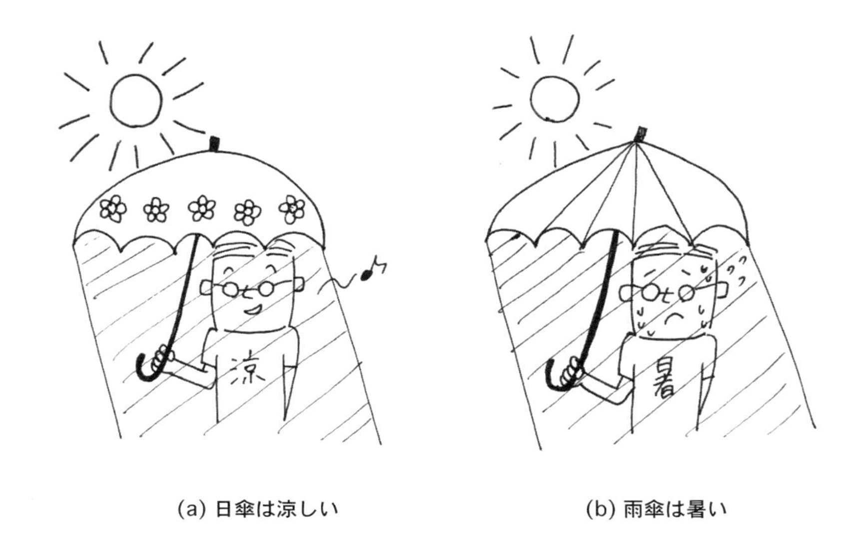

(a) 日傘は涼しい　　(b) 雨傘は暑い

・炎天下で、日傘を差すと涼しいが、雨傘では、影にはなるが、赤外線は透過してしまうので、傘がないのと同じくらい暑い。

図 5.3　見えない光、赤外線の作用

この式の意味するところは，結局，光のエネルギーはその周波数ν，すなわち波長λによって一意に決まっているということである。これは，光の本質が波であることによる。

周波数νと光の波長λとの関係は，光速をcとすると，（5.2）式で表すことができる。

$$c = \nu\lambda \quad \text{(5.2)}$$

すなわち，人間の目には見えない光でも，そのエネルギーは物体に対して様々に作用しており，（5.1）式で分かるように，周波数νが高いほど，すなわち，（5.2）式より光の波長λが短いほど，光のエネルギーEが高くなり，物体との相互作用において物体にダメージを与えやすくなる。これが，紫外線によって日焼けや皮膚ガンが発生する理由である。

逆に，波長が長くなると，光のエネルギーは低くなり，物体を構成する原子内の電子などを直接励起できなくなって，原子そのものの振動や分子の振動エネルギー，すなわち熱となって吸収されるので，赤外線で身体が熱くなるのである。

可視光は，人間の視細胞にある視物質（rhodopsin）にそのエネルギーが吸収され，その結果，その視物質に化学変化が起こって電位差が発生し，これが視神経に伝えられることで，その目の中に入ってきた光が或る明るさに見えている。この視物質は，照射される光の波長によって，化学変化の度合いが決まっており，その結果，波長ごとに人間の感じる光の明るさが変化するのである。

この光の波長ごとの光物性の変化の様子を，分光特性（spectral characteristics）といい，一般に，それぞれの物質によってこの分光特性が異なっている。

図5.1の(c)には，可視光と不可視光の領域があることが示されているが，人間が，これを見ることができるかどうかは別にして，その元々の光のエネルギー量を放射量（radiant quantities）と言い，ワット[W,J/s]というエネルギーの物理単位で表現する。

この放射量を，人間の分光感度特性で補正した尺度が測光量（luminous quantities）ということだが，当然，カメラの目で見ると，その明るさは大きく異なってくることになる。これは，光を感じるセンサーの分光特性が異なっているためで，全体の明るさだけではなく，物体上の各点における明るさのプロファイルも異なってくる。

したがって，カメラの目を使うマシンビジョン画像処理システムにおいては，カメラの感度特性を考慮したセンサー測光量（sensor luminous

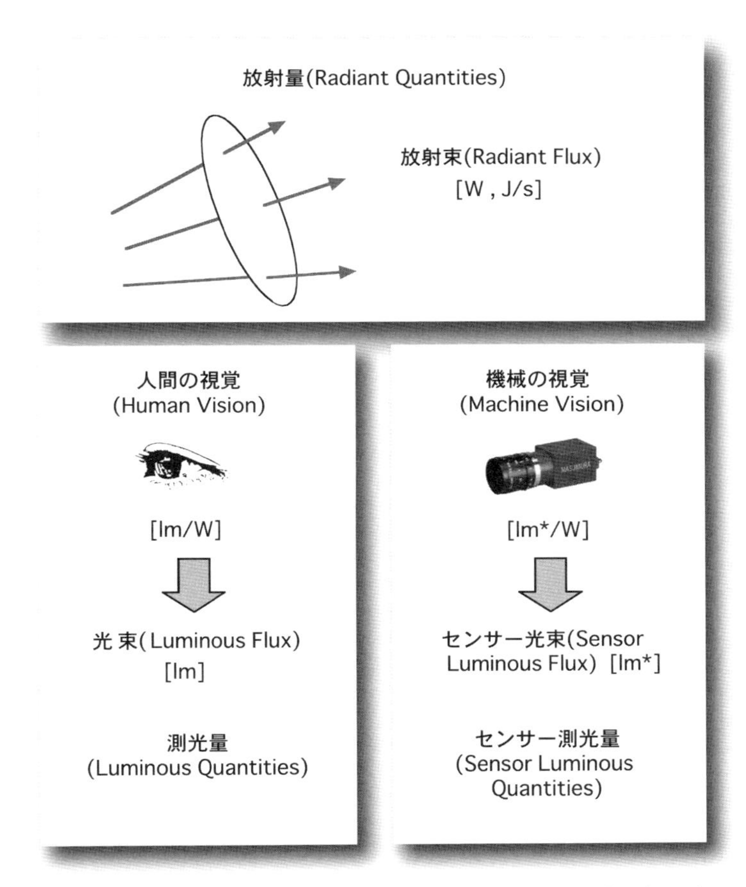

・センサー測光量における[lm*]は、測光量と同じ単位系を使用するが、その変換係数が異なるので、注意を要する。
(照明規格 JIIA LI-001-2013 参照)

図5.4　放射量・測光量・センサー測光量の関係

quantities) が規定されている。放射量と測光量，及びセンサー測光量の，おおまかな関係を図5.4に示しておくが，詳細は後述する。

5.2　物体光の分類

光源から発せられる光も，物体から発せられる光も，それはどちらも同じ光である。では，これまで，人間の視覚を前提にしているときには，さほど重要ではなかった「物体光を分類する」などということは，本当に必要なのであろうか。

5.2.1　照射光と物体光

照明に使用する光源にもいろいろな種類があって，その光のスペクトル分布は様々である。

スペクトル分布とは，分光分布とも呼び，光を波長ごとに分けて考えたときに，どの波長の光がどれくらい含まれているかということである。

一般には，光源から発せられる光は白色光に近く，少なくとも人の目に見える可視光帯域の光の大部分を含んでいるものが選ばれる。

なぜなら，それは，その光が物体にあたったときに，その物体の色が判別しやすいようにである。光源からの照射光が物体に出会うと，それぞれの物体の光物性によって，光源から照射されたそれぞれ特定の波長帯域の光が様々に吸収され，結果的に物体から再び発せられる物体光のスペクトル分布が変化するのである。この元になる照射光のスペクトル分布が偏っていると，この変化が判別しにくくなるのである。

既に述べたように，実は，この「色」というのは，物体がもっているものではなく，はたまた光がもっている属性でもない。「色」は，人間が自分の目の中に入った光のスペクトル分布の違いを判別するために，「こころ」の中にもっている尺度であって物理量ではないのである。

一般に，我々は，物体にはそれぞれ固有の色がついており，ほとんどはこの色さえ見えれば事が足りると考えている。そして，実際に，人間の視覚機能では，自分自身がその物体に付けた「色」によって，ほとんどの物体認識をしているように見える。

しかし，それは，我々の視覚機能が，身近ではあるが，まさに次元を越えた「こころ」の世界の機能であるからこそ，成し得る技なのである。その視覚機能を機械にもたせようとすると，３次元に閉じた形で，その画像情報からの演算を定義し，その結果によって結論に辿り着くことができるよう，あらかじめ設定しておいてやる必要がある。例えばその色にしても，いわゆる人間の感覚として感じる漠然とした色情報だけでは，その設定は極めて難しいものがある。その理由は至極簡単で，人間の感覚量が，物理量では完全に表すことができないからである。

実は，我々は，明るい色や暗い色，光沢のある色やそうでない色，ザラザラ感といったその表面の風合いに到るまで，スペクトル分布の変化以外の変化をも色として認識しているようなつもりになっている。しかし，これを機械の目で分析するためには，それぞれの変化成分を分類し，それぞれを切り分け，その上で機械の認識できる物理量で表すことができなければ，難しいのである。そして，それが，人間の視覚機能と機械の視覚機能との，本質的な方法論の違いになっているのである。

5.2.2　直接光と散乱光

物体光は，その物体の光物性の違いを反映して，物体から再放射される光である。その際に，スペクトル分布が変化する以外に，その他の要素も様々に変化するが，我々は，この変化を捉えるために，まず，その物体光を観察しなければならない。

では，物体から返される光を観察するとして，我々は，その光の強弱，すなわち明るいか暗いか，ということしか検知できない[3)]，という事実がある。後述するが，色も，種類の違う視細胞によって検出された，単なる明暗情報に過ぎないのである。

では，物体光の変化を，どのようにしてこの明暗情報として捕捉するか，ということが重要になってくるが，このときに物体光の明るさが，照射光との関係でどのように決まっているか，ということをまず押さえておかないと，その物体光の明暗の変化が，照射光に起因するものなのか，物体の光物性に起因するものなのか，が特定できなくなってしまう。

そこで，物体から返される物体光が，照射光との関係でどのようになっているのか，ということが前提条件として必要になってくるのである。

実は，その明るさは，どちらから見るか，によって大きく変化するのである。そして，それは「光が，或る一定の方向にエネルギーが伝搬されていく現象である」ということに拠っている。

物体から返される物体光は，図5.5に示したように，観察する方向によって明るさの異なる光と，そうでない光に分かれる。

一般に，光が物体界面に照射されると，反射光と散乱光，及び透過光の３つに分かれることが知られている。

このうち，反射光と透過光は，元々の照射光の伝搬方向が，物体に出会うことによって，或る一定の角度だけ変化し，結果的に見ると，まるで，照射された光がそのまま伝搬方向を変化させただけのように見える。この両者は，或る一定の比率でそのエネルギー量が減衰しているが，元の照射光と同じように見え，その明るさは元の照射光の明るさに依存している。

もっと平たくいうと，鏡に光を照射してその反射光を見ると，鏡に映った照射光，すなわち光源が見えるし，透明なガラスを透過させると，ガラスを通して同じように光源が見える，ということである。つまり，元の照射光を直接見ているのと同じように見える光なので，この両者を直接光（direct light）と呼ぶことにする。

また，一方で，その照射光があらゆる方向に向かう光に変換されたものとして，散乱光が存在する。直接光も散乱光も，物体上の或る１点が新たな点光源となり，その点から光が再放射されているが，直接光の場合はその放射方向が限定され，散乱光はあらゆる方向に放射される光となる。

この結果，散乱光はどちらから見てもほぼ同じ明るさに見えるが，直接光は

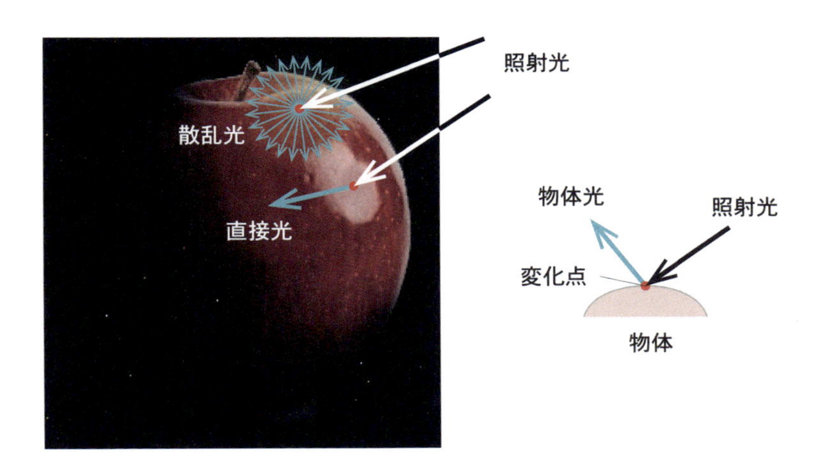

・変化点とは照射光が物体との相互作用を経て、物体光になったとみなされる点を指す。

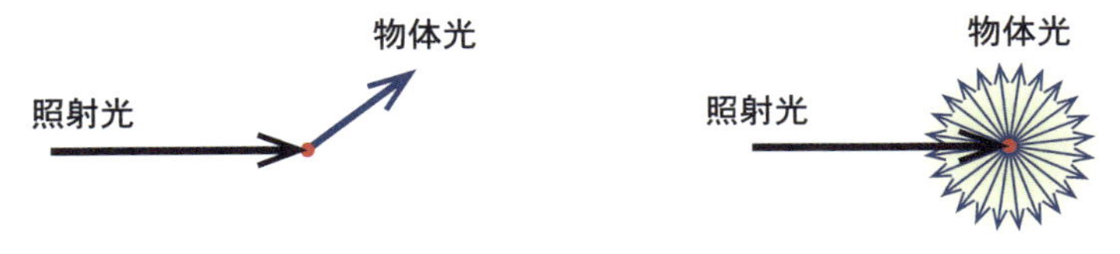

・伝搬方向が、一定量だけ変化した光
・物体光は、その方向から光が来たように見える。

(a) 直接光

・伝搬方向が、あらゆる方向成分に分解した光。
・物体光を見ても照射光の照射方向は分からない。

(b) 散乱光

図5.5　物体光の分類とその特性

見る方向によって大きくその明るさが異なることとなる。

このときに，散乱光は，照射光がどの方向から照射されたとしても，どちらにしても全方位に再放射されるので，その明るさは，その点を含む単位面積当たりに，どれだけの光エネルギーが照射されたか，という尺度に比例する。これが照度である。

一方で，直接光は，一定の比率で減衰するものの，その明るさは照射光の明るさに依存している。ただし，このときの照射光の明るさというのは，まさに照射光そのものの明るさであり，物体面の照度ではなく，照射光の輝度なのである。

輝度というのは，簡単にいうと，或る一定の方向に対して，その光源面の単位面積当たり，どれくらいの光エネルギーが放射されているか，という尺度である。

参考文献等

1) 増村茂樹: “マシンビジョンライティング基礎編 - 画像処理 照明技術～マシンビジョン画像処理システムにおけるライティング技術の基礎と応用～”, pp. 11-12, 日本インダストリアルイメージング協会, Jun.2007.（初出：“マシンビジョンにおけるライティング技術とその展望”, 映像情報インダストリアル, vol.35, no.7, pp.65-69, 産業開発機構, Jul.2003.）

2) 増村茂樹: “マシンビジョンライティング応用編～マシンビジョン画像処理システムにおけるライティング技術の基礎と応用～”, pp.205-207, 日本インダストリアルイメージング協会, Jul.2010.（初出：“連載（第44回）ライティングシステムの最適化設計（13）”, 映像情報インダストリアル, Vol.39, No.11, pp.71-73, 産業開発機構, Nov.2007.）

3) 増村茂樹: “マシンビジョンライティング実践編 - 画像処理 照明技術～マシンビジョン画像処理システムにおけるライティング技術の基礎と応用～”, pp. 240-246, 日本インダストリアルイメージング協会, Nov.2013.（初出：“連載（第97回）最適化システムとしての照明とその応用（31）”, 映像情報インダストリアル, Vol.44, No.4, pp.87-93, 産業開発機構, Apr.2012.）

6. 明るさとは何か

私達は，巨大な光の世界で生かされている。それぞれの人生があり，生活がある。しかし，時々，ふと，「自分は，何のために生きているのだろうか」，「生きることに，どんな意味があるのだろうか」などと，考えることがある。

私達の生かされている，この大宇宙は広大であり，その営みは想像を絶するほど壮大である。それからすると，この地球上に這いつくばって生きている人間の，如何にちっぽけなことか。

しかし，人間の視覚機能ひとつとっても，それを完全に理解することは極めて難しい。ましてや，その視覚機能と同等のものを作ろうとすると，中々，一筋縄では行かないことは周知の事実であろう。なぜ，こんな簡単なことが，と思うのだが，人間の智慧と技術は確かに発展しているものの，その程度たるや，甚だ歯がゆいものがある。

私達の身の回りにある様々な形有るもの，そして私達自身の身体も，この世にあるすべてのものは，光でできている。光でできているのだから，光と反応するのはもちろん，その光を受けて自ら光を放つこともできるのである。光とは，誠に不思議なものである。

私は，この世界に入るまで，光というものに関して，ここまで深く考えることはなかった。しかし，機械に視覚機能をもたせるための仕事に就いたとき，それが私の新たな旅立ちの分岐点となった。光は目に見えないのに，その明るさは感じることができる。また，虫眼鏡で太陽光を集めてみると，それは見事に物体と反応し，吸収されて熱に変換されていることが分かる。目には見えないが，確かにエネルギーをもった存在なのである。

私達は，この光と物体との壮大なページェントの中で，生かされている。そして，その中で，私達，人間のもつ視覚機能は，まさに仏神がこの世界で生きていくために私達にお与えくださった，極めて高度な機能なのである。光の世界が見える，ということがどれだけ素晴らしいことか，私達は，仏神が造られた世界を，目で見ることができ，感じることができるのである。

さて，では，機械の視覚，マシンビジョンでは，機械も，この世界を見て喜べるだろうか。否，機械は入力された情報を，自ら評価する主体をもち合わせていないので，単に，入力された情報を加工し，比較し，その結論を導き出しているに過ぎない。これは，その処理がどんなに複雑になっても変わることはない。画像処理という言葉が，このような視覚システムの象徴のように，日本ではよく使われるが，まさに処理しているだけなのである。そこで最も重要になるのは，入力される光の明暗を，如何にその処理に合わせて制御するかということなのである。

6.1　光でものを見る

視覚機能の原点として，光の明るさに関して考えてみたいと思う。我々は，既に，物体の明るさから出発して，物体光を分類しなければその明るさが特定できないことを学んだ。

では，その明るさとは何なのか。本書では，光の明るさの本質を探りながら，その尺度や物体の明るさとの関係などについて，考えを深めてゆきたいと思う。

「光でものを見る」とは，物体から発せられている物体光の明るさを見るということである。したがって，その各点各点がどのような明るさで見えるかということは，視覚情報において極めて大きな要素になっている。

我々は，自らの目でものを見ているわけだが，そもそも，物体の各点の明るさを感知できるということは，どういうことなのであろうか。

6.1.1　光の姿とその作用

光とは，電場と磁場が振動して空間中を伝搬する電磁波（electromagnetic

wave）という波動現象であると共に，光子（photon）という粒でもある。しかし，この粒の質量は0で，電場と磁場の振動エネルギーを伝搬するエネルギー量子（energy quantum）である。

このようにいわれると，それは返って，煙に巻かれるような気もするが，この世，すなわちこの3次元世界から見ると，そのように見えるということなのである。

光の振動数をνとすると，そのエネルギーは$h\nu$の整数倍，すなわち$nh\nu$になっている。

ここで，hはプランク定数であり，nは量子数である。この式の意味するところは，「光は，伝搬するときは波として，そして物体と出会うといきなり粒として作用する」といったところだろうか。この世的な物理イメージとしては，図6.1に示したように，連続的な水のような姿ではなく，ビーズ玉の塊のような感じだろうか。

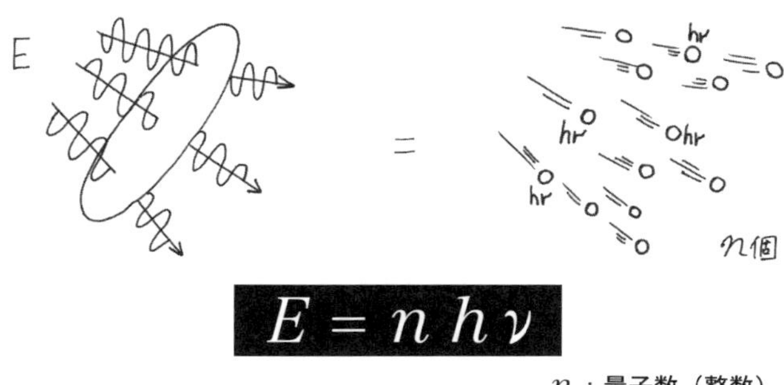

E：光エネルギー

n：量子数（整数）
h：プランク定数
ν：光の振動数

・光エネルギーは、伝搬時は波として、物体との相互作用では粒として作用する。

図 6.1　光の物理イメージ

下に，（5.1）式を再掲する。

$$E=n\,h\,\nu \quad \text{(5.1)}$$

（5.1）式のEというのが，明るさの元になっているのである。では，このEを，我々はどのように明るさに変換しているのであろうか。

ここで，$E=n\,h\,\nu$ を図6.1に示したような物理イメージで理解しておくことは，この後に説明する光の明るさの尺度や物体光の分類，ひいては照明系の最適化設計において，大いに役立つことになるので，楽しみにしておいて欲しい。

我々人間は，目をもっており，目の網膜上に光の受容体を備えていて，それで光を感じることができる。しかし，目のない植物なども光が無ければ生きて

・光エネルギーは、植物にも人間にも等しく注がれているが、木が心地よい日差しも人間には眩しくて直視できない。

図 6.2　光の明るさ感覚の違い

いけないので，光がやってくる方向に葉っぱを広げたりその方向に伸びていって，より多くの光を浴びようとする。これも，植物が光の明るさを感じているからであろう。

我々が目で感じる明るさと，植物がその表面で感じる明るさとは，どのように違うのであろうか。

植物は，その葉っぱや幹に注がれる光の量，すなわち，その表面の単位面積当たりに，どれくらいの光エネルギーが注がれているか，という尺度で光の明るさを感じていると思われる。これが，照度である。ただし，一般に照度というと人間の目に感じる明るさのことをいうので，ここでは，仮に，植物照度といっておこう。

植物も種類が違えば感じ方，すなわち分光感度が変化するだろうから，一概にこれを規格化することは難しいだろうが，一般に植物は緑がお嫌いのようである。もう少し正確にいうと，人間が緑色に見える波長帯域の光は，植物には吸収されないので，その波長帯域の光だけが植物の物体光として返され，図6.3に示すように，それが我々の目には緑色に見えるのである。

人間の目の分光感度特性は，この緑色に見える波長帯域に対して最も高いので，人間の見る光の明るさと，植物の感じる光の明るさは，可視光帯域だけを考えても，恐らく随分と違っているはずである。

このように，光の明るさというのは，それを観察するものが何であるかによって，単位が異なってきてしまうのである。

人間は，植物のように，太陽光を吸収して光合成を行い，自らのエネルギーに変えることができないので，植物ほど，身体で太陽の光を感じることはできないが，人間の目は光に対して極めて感度が高く，直接，太陽を見ると，暫くは目が眩んでしまうのである。しかし，植物が照度で光を感じているように，人間も目の網膜面上では照度で光を感じているのである。その意味では，植物も，光を見ているといってもいいのかも知れないが，ここで決定的な違いは，人間の眼球に備わっている水晶体というレンズの存在である。

・太陽光に含まれる波長成分の内、植物は、人間が赤と青に見える波長成分を好んで吸収するが、人間が緑に見える波長成分は、植物が吸収せず、植物の物体光として返されるために、人間には植物が緑色に見える。

図 6.3　物体光に色がついて見えるわけ

ここで，照度，という言葉に関して，少々，お約束ごとをしておきたいと思う。すなわち，いちいち，放射照度や，放射輝度，放射強度などと聞き慣れない言葉を使うのも厄介なので，特にその必要がなくて，何も断らずに，照度や輝度という言葉を使った場合には，その光を感じる主体となっているものの分光感度特性はそれとして，その尺度の元になっている光エネルギーの測り方を指すこととする。でないと，先に紹介した放射量では放射照度といわなければならないし，測光量では単に照度，カメラで見たらセンサー照度，植物が感じる明るさは，例えば植物照度，などといった具合に，その光を受けるものによって，いちいち言い分けなければならなくなってしまうのである。

すなわち，照度というと，それは特定の物体，若しくは空間上の或る特定の面に対して，その単位面積当たりに照射される光のエネルギー量のことを指すこととし，その単位量は別途それぞれで考えることとする。

6.1.2 光の明るさとは何か

一般に，光の明るさというと，その光の伝搬方向に対して，或る特定の面を考え，その面に対する照度をその尺度とするのが，これまでの照明工学などで取られてきた考え方である。

しかし，ここでは，その照度で照らされた物体が，一体どの程度の明るさで見えるか，ということは不問なのである。照度という単位は，光が照射されるまでの明るさであり，照射された物体がどの程度の明るさで見えるかまでは分からないのである。では，同一物体に対して，同一照度なら，同じ明るさに見えるかというと，実はそれも分からないのである。

なぜなら，光の姿というのは，そのエネルギーの伝搬に方向性があるのだが，この照度という単位には方向の成分がないのである。したがって，照射方向の特定できない，或る照度で照らされた物体から，どの方向にどのような物体光が放射されるかは分からず，したがって，その明るさも分からないのである。

光は，或る方向にエネルギーが伝搬していくという現象であり，その姿を捉えるには，その光を捕捉しなければならない。つまり，その光を或る方向から見て，目の中に直接入射させる以外に，我々はその光を見ることも観察することもできないのである。図6.4に示したように，目に入射した光の明るさは分かるが，目のいくら近くであっても通過しただけの光の明るさは観察しようもないのである。

光学関係の書籍には，大抵，その冒頭に，「光は，目に見えない」と書かれているが，私は，当初，この意味が分からなかった。これは，光は，その姿を客観的に観察することができない，という意味なのである。つまり，その光を直接，捕まえてみないと，その光の属性を知ることはできないのである。

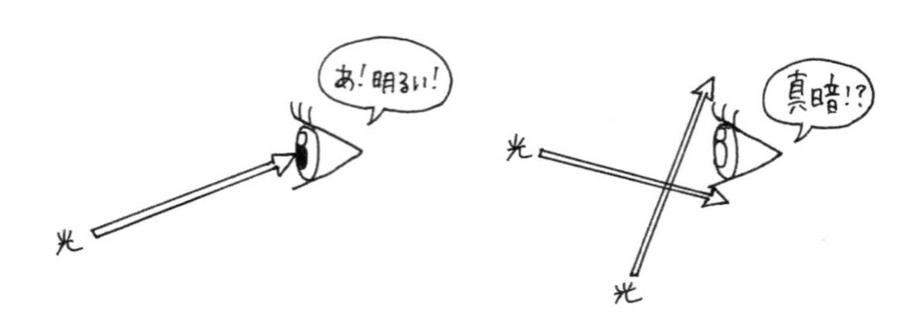

・光が直接、目の中に入射して初めてその明るさを知ることができ、入射しなければ、いくら近くをかすめても真っ暗で、何も見えない。

図 6.4　光の明るさのセンシング構造

人間は，その眼球の網膜上にある視細胞で光を検知しているので，光を見るということはその光を眼球の中に入射させて，視細胞にエネルギーを与えてやるしかないのである。

このときに重要なことは，「どの方向から見るか」ということである。つまり，「目に，どれだけ，どれくらいの角度範囲で，光を入射させるか」ということである。そして，そこからどれくらいの光エネルギーが入射するか，ということで明るさが決まる。

6.2　光の明るさを見る

さて，ここまで話を進めてくると，ものを見るということが，物体光の明るさを見るということなのだ，ということが理解できるであろう。

結局，物体から発せられている「光の明るさを見る」ということが，ものを見るということなのである。

では，目の中に入射した光は，どのようにして明るさに変換されるのだろうか。光の明るさといっても，どのような尺度をもって明るさとしているのか，どのような形態の光をもって明るさを感じているのか，等を考えてみよう。

6.2.1 光の明るさの元

先に，光のセンシングにおいて，植物と人間との決定的な違いは，人間の眼球に備わっているレンズである，ということを述べた。

植物の感じている明るさは，単にその植物の表面の照度，すなわち，「表面の単位面積当たり，どの程度の光エネルギーが照射されているか」ということで決まっている。

では，このレンズはどんな働きをしているのであろうか。

図6.5に示したように，人間の目には水晶体を中心とする結像光学系が備わっ

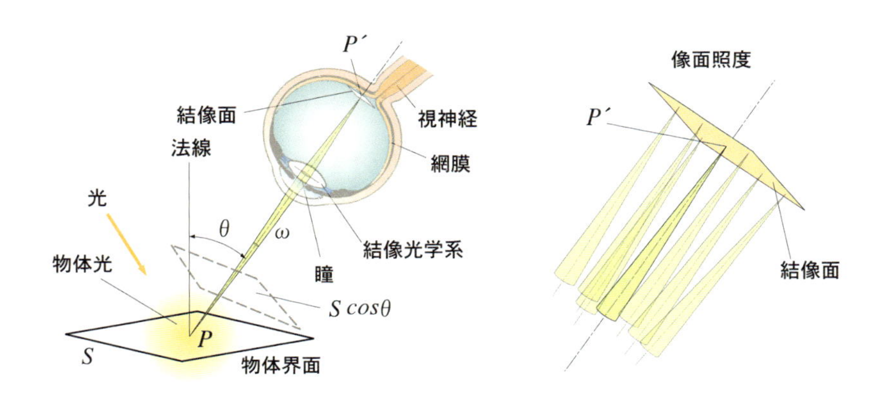

(a) 物体光と眼球の関係　　(b) 結像光学系を経た光と結像面との関係

・像面照度によって人間の目に見える明るさが決まる。

・像面照度は、結像面の単位面積当たりに照射される光エネルギー量で決まる。

・物体界面の点 P から放射された光エネルギーが、再び像面の点 P' に集められているので、点 P' の明るさは点 P の光度、すなわち点 P から単位立体角当たりに放射される光エネルギー量で決まる。したがって、像面照度は、物体界面の各点の光度を積分したものを結像面の像面積で割ったものとなり、これは物体界面の結像光学系に向かう光度を積分して、これを物体界面の結像光学系に向かう射影面積で割ったもの、すなわち物体界面の輝度によって決まっている。

図 6.5　結像系と光の明るさの尺度

ている。結像とは，どういう意味かというと，「物体界面の各点から発せられた光を集めて，もう一度それを網膜上の各点に集光させる」ということである。

つまり，物体界面の或る1点から発せられた光は，もう一度，網膜上の別の1点に集められるということである。

その時に，物体から発せられた光を，どの範囲で捕捉するかを決めているのが瞳である。この瞳によって，物体の1点から発せられた光は，その点を頂点とし，瞳を底辺とする錐体状の空間にあるものだけが捕捉され，網膜上の別の1点に再び集められる。

ここで，この錐体のことを立体角（solid angle）といい，これは光の明るさを考える上では極めて重要な概念となっている。この立体角の中に放射された光エネルギーをもって，この立体角の頂点の明るさとする尺度が，光度である。

一般に，光度というと人間の目に見える明るさ，すなわち測光量であるが，放射量では放射強度という呼び名に変わる。しかし，ここでは，この尺度も，特段の必要のない限り，光度という呼び名を使うこととするので，ご了解いただきたい。

さて，光度というのは，上記で説明したように点の明るさだが，実際には，図6.5の(b)に示したように，網膜の結像面には物体界面の各点の光度が反映された点が像を結んでいる。すなわち，物体界面の各点の明るさが，網膜上に結像した各点の明るさに反映されている，ということである。

ところで，網膜上には光を感じる視細胞がぎっしりと並んでおり，その視細胞の中に含まれる視物質が光エネルギーを受けて化学変化し，その結果生じた電位差が視神経に伝えられて，光を感じている。

この化学変化の度合いが，「明るさの元」ということになるが，それは，結局，網膜上，すなわち結像面の単位面積当たり，どの程度の光エネルギーが入射するかということに比例している。これを像面照度（image plane illuminance）と呼んで，この像面照度によって人間の目に見える明るさが決まっている。

ここで，もう一度，結像系の仕組みを振り返ってみると，図6.5の物体界面の点Pから放射された光エネルギーが，その点Pを頂点とする立体角を経由して，再び像面の点P'に集められているので，点P'の明るさは点Pの光度，すなわち点Pから単位立体角当たりに放射される光エネルギー量で決まっている。したがって，今，結像系の透過率を100%とすると，像面照度は，物体界面の各点の光度を積分したものを結像面の像面積で割ったものとなる。

ここで，像面積は，物体界面の結像光学系に向かう射影面積$S\ \cos\theta$に結像光学系の倍率Mの二乗を掛けたものとなっているので，結局，像面照度は，物体界面の結像光学系に向かう光度を積分して，これを物体界面の結像光学系に向かう射影面積で割ったもの，すなわち光度の面密度に比例していることになる。

この明るさの尺度を，輝度と呼ぶ。ただし，ここでも輝度は測光量に対して使う言葉であり，放射量では放射輝度と呼ぶが，そのまま輝度という呼称を用いることとする。

つまり，物体であれ光源であれ，光を放っているものの明るさは，その物体や光源の輝度で決まっているということである。

ここで，もうひとつ，この明るさを決めているのが，先に説明した瞳であり，この瞳が絞られると，物体の各点から入射する光の立体角が小さくなり，それぞれの点から集められる光エネルギーが減少して暗くなるし，瞳が大きく開くと明るくなる，といった具合である。この立体角のことを観察立体角（observation solid angle）と呼ぶ。

この観察立体角と物体光の立体角との関係で決まる定数を立体角要素（solid angle factor）と呼び，立体角要素は物体の明るさを考える上で極めて重要な事項となるが，これについては後述する。

6.2.2　光の明るさの尺度

図6.6に，光の明るさの尺度に関して，放射量，測光量の双方で，その呼称も含めてまとめておく。

まず，放射束や光束というと，光の伝搬方向に関係なく，単にその単位時間当たりに，或る面積を通過するエネルギーを指しており，光源から発せられている光エネルギーを全放射束や全光束と呼んで，全放射束ではワット[W]，全光束ではルーメン[lm]という単位を使用する。

ここで，ルーメンというのは，放射束のワットに対して，人間の目に見える分のエネルギーということで，波長ごとに或る係数を掛けて求めるが，これに関しては後述する。

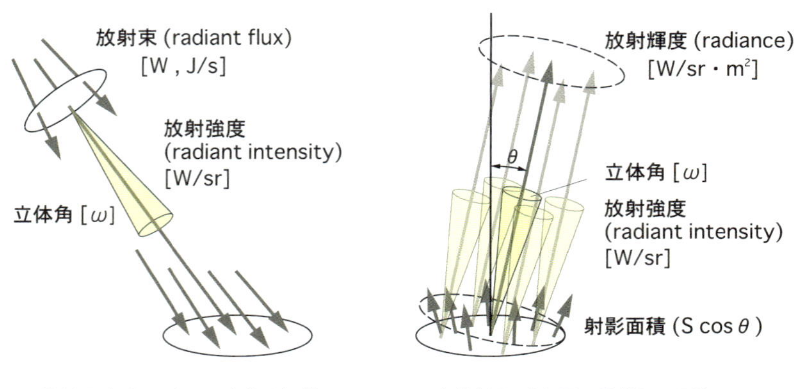

放射量 (radiant quantities)		測光量 (luminous quantities)	
放射束 (radiant flux)	[W , J/s]	光束 (luminous flux)	[lm]
放射強度 (radiant intensity)	[W/sr]	光度 (luminous intensity)	[lm/sr , cd]
放射輝度 (radiance)	[W/sr・m^2]	輝度 (luminance)	[lm/sr・m^2, cd/m^2]
放射照度 (irradiance)	[W/m^2]	照度 (illuminance)	[lm/m^2 , lx]

図 6.6　光エネルギーと明暗の尺度

我々は，明るさという尺度に対して，ごく一般的な感覚をもっているが，実際にそれを定量的に評価しようとすると，結局，光の明るさというのは，人間の目なら目，機械の目ならカメラで見えている明るさがその明るさなので，そのことを十分に考慮して話を進める必要がある。

我々は，光と物体が出会ったときに生じる相互作用によって，その物体がどのように光と作用し，その結果どのように光の明るさが変化しているのかを見て，その物体を認識しているのである。この「見える仕組み」は，人間でも機械でも同じである。

ところで，光は，放射束といって，一定の方向に進行するそのエネルギー伝搬の姿であるから，その明るさを表すのには，これに方向性の要素を加味した様々な派生単位を用いることになる。

例えば，放射強度（radiant intensity）は，測光量では光度（luminous intensity，luminosity）と呼び，或る点から，その点を頂点とする単位立体角中に放射される光エネルギーとして，ワット／ステラジアン[W/sr]，測光量ではルーメン／ステラジアン[lm/sr]，若しくはカンデラ[cd]と呼ぶ。ここでは，立体角が単位に含まれており，どの方向に対する光度なのか，という概念が入ってくる。つまり，物体や光源など，光を発している面の 1 点の，或る方向に対する明るさということになる。

そして，今度は光を受ける側で，その面の単位面積当たり，どれくらいの光エネルギーが照射されているか，という尺度が照度である。ここでも，放射量では放射照度（irradiance），測光量では照度（illuminance）と呼んで，区別されている。また，照度の単位は，放射量ではワット／平方メートル[W/m²]，測光量ではルーメン／平方メートル[lm/m²]，若しくはこれをルックス[lx]という，として定められている。

ここで，注目して欲しいのは，照度の単位には，照射される光の方向によって変わるファクターがなく，どちらの方向からどんな範囲で照射された光でも，単位面積当たりの光エネルギーが等しければ，その照度は等しいということである。

つまり，照度は，どれくらいの光が物体に照射されるか，ということしか表していないのである。

我々は，この尺度を照明の明るさのように思っているが，これは照明の明るさではなく，その照明が或る条件で，どれくらい明るく対象物を照らせるか，という尺度であって，どんなに明るい光源でも遠くに離れてしまえば，照度はどんどん低下して真っ暗になってしまうし，ロウソクのような暗い光源でも間近で見れば，十分にそれで本が読める。したがって，照度で明るさを比較したいなら，照明と被写体との相対関係を決めなければ議論にならないわけである。

では，照明の明るさとして，光度を採用したらどうなるか。光度は，既に述べたように点の明るさである。

図6.6に示したように，或る照度で光を照射された物体は，その光エネルギーを吸収して，自ら物体光を再放射するので，これも光が放射されている面としては，光源と同じである。

図6.6の右側の図で，光放射面の各点の明るさが光度であるが，ここで，図6.5に示した光を感じる仕組みを思い出していただきたい。

物体の各点から人間の瞳を底面とする立体角中に放射された光エネルギーは，光を感じる網膜上で，再びその像面の各点に集光されている。すなわち，この各点には，物体や光源の光放射面の各点の光度Iに，瞳の立体角ωを掛けた光エネルギー$I \cdot \omega$が集まってくるのである。ここまでは，それでいいのだが，実は明るさは点で感じ，点で評価されているのではない，というところで，光度は明るさの重要なファクターとはなっているが，それだけでは，人間が見たり，カメラが見る明るさを表現しきれていないといっていいであろう。

結局，人間の見える明るさは，この図6.5の(b)に示した像面照度E'で決まっているが，このE'は，結像面に集光された光エネルギーF'を，結像面の像面

積 S'' で割ったものとなる。

結像面に集光された光エネルギー F' は，光放射面の各点から発せられる光エネルギー F を全部足し合わせたものとなっており，眼球の網膜面に到る透過率を τ とすると，この τ 分だけ低下した光エネルギーとなっている。

一方，像面積 S'' は，視野内の光放射面の面積を S として，その法線から θ だけ傾いた方向から見ているとすると，その方向への射影面積 S' の，M2倍になっているはずである。

つまり，我々の感じる明るさは，光放射面の観察方向へ向かう射影面に対する光度の面密度に比例している，ということが分かる。これを，輝度といい，人間の感じる光源や物体の明るさは，この輝度（luminance）で決まっているわけである。もちろん，これは，放射量では放射輝度（radiance）と呼び，単位はワット／ステラジアン平方メートル[W/sr･㎡]で，単位面積当たりの光度，すなわち，光度の面密度となっており，測光量ではルーメン／ステラジアン平方メートル[lm/sr･㎡]，若しくは，[lm/sr]が[cd]なので，カンデラ／平方メートル [cd/㎡]となる。

以上を式で表すと，欲しいのは人間が感じる光の明るさであり，これは網膜面の像面照度 E' であって，結像面に集められた光エネルギー F' を像面積 S'' で割ったもの，すなわち，

$$E' = \frac{F'}{S''} \qquad (6.1)$$

となる。

ここで，像面の光エネルギー F' は，眼球の透過率 τ と光放射面の観察方向へ向かう光エネルギー F を用いて，

$$F' = \tau F \quad \text{(6.2)}$$

で表され，結像面の像面積S''は，眼球の倍率をMとすると，光放射面Sの観察方向への射影面積S'に，眼球の倍率Mの二乗を掛けた，

$$S'' = \mathrm{M}^2 \cdot S' = \mathrm{M}^2 \cdot S \cos\theta \quad \text{(6.3)}$$

となる。

また，光放射面の観察方向へ向かう光エネルギー F は，観察方向へ向かう光エネルギー$I \cdot \omega$ を用いて，

$$F = \int_S I \cdot \omega \quad \text{(6.4)}$$

のように，観察方向へ向かう面内で積分したものとして得られる。

（6.1）式から（6.4）式を用いると，像面照度 E' は，

$$E' = \frac{\tau \int_S I \cdot \omega}{M^2 \cdot S \cos\theta} \quad \text{(6.5)}$$

のように表され，ここで，光放射面の観察方向へ向かう輝度 L は，

$$L = \frac{\int_S I \cdot \omega}{S' \cdot \omega} \quad \text{(6.6)}$$

のように表されるので，（6.3）式，（6.5）式，及び（6.6）式より，像面照度 E' は，

$$E' = \frac{\tau}{M^2} \cdot L \cdot \omega \quad \text{(6.7)}$$

となり，人間の目で見た明るさは，光放射面である物体や光源の観察方向へ向かう輝度 L に比例していることが分かる。

ただし，以上の式が成り立つのは，観察立体角 ω が物体光の放射立体角に完全に包含されている場合であることを注記しておく。

以上で，光の明るさというのは，その伝搬方向を勘案しないと，うまく特定できないことがお分かりいただけたかと思う。

伝搬方向を反映している尺度は，放射量では放射強度と放射輝度，測光量では光度と輝度，ということになる。

また，明るさを測る場合に，対象となる光をどのように捕捉してセンス[注1]するかによって，当然ながら，その明るさの尺度は変わってくる。ここで，物体の各点から発せられた光を，像面で再度 1 点に集めて，各点の明るさを評価することのできる光学系を結像光学系といい，そのベースとなったのが人間の眼球であり，一般にその明るさの尺度は放射輝度，若しくは輝度で表現することができる。その際に，最も重要な要素となっているのが立体角であり，照射系

注1　センスとは，人間の眼球の網膜上にある細胞やカメラの光センサーが，光に感応して光エネルギーを電気信号に変換することを指す。

と物体光，及び観察系を経て感じられる明るさを論じるに当たっては，そのそれぞれの立体角との相互関係が最も重要なのである。

参考文献等

1) 増村茂樹: “マシンビジョンライティング基礎編 - 画像処理 照明技術～マシンビジョン画像処理システムにおけるライティング技術の基礎と応用～”, pp. 11-12, 日本インダストリアルイメージング協会, Jun.2007.（初出：“マシンビジョンにおけるライティング技術とその展望”, 映像情報インダストリアル, vol.35, no.7, pp.65-69, 産業開発機構, Jul.2003.）

2) 増村茂樹: “マシンビジョンライティング応用編～マシンビジョン画像処理システムにおけるライティング技術の基礎と応用～”, pp.205-207, 日本インダストリアルイメージング協会, Jul.2010.（初出：“連載（第44回）ライティングシステムの最適化設計（13）”, 映像情報インダストリアル, Vol.39, No.11, pp.71-73, 産業開発機構, Nov.2007.）

3) 増村茂樹: “マシンビジョンライティング実践編 - 画像処理 照明技術～マシンビジョン画像処理システムにおけるライティング技術の基礎と応用～”, pp. 240-246, 日本インダストリアルイメージング協会, Nov.2013.（初出：“連載（第97回）最適化システムとしての照明とその応用（31）”, 映像情報インダストリアル, Vol.44, No.4, pp.87-93, 産業開発機構, Apr.2012.）

7. 物体光の明るさとその特性

我々の住むこの巨大な光の国では，光エネルギーが凝集して，あらゆる物体や物質ができており，自ら光を発していないものも，他から光を受けることでその光エネルギーを吸収し，自らも光を放つ存在となる。少なくともこの世界では，これが，光でこの世が照らされ，あらゆるものが光輝く存在となり，それが目に見える理由である。

ところが，この大宇宙は，主に目に見えないもので構成されていることが，科学的にもほぼ確実になってきた。これをダークマター（dark matter）といって，質量をもつ物質として，なんと全宇宙の85%をこのダークマターが占めている。ということは，我々が通常目に見える物質は，全宇宙を構成する物質のうち，15%しかないということになる。これは，我々の目に見えるもの以外の存在が，宇宙の遙か彼方ではなく，我々の身の回りにも臨在しているということでもある。

ダークマターは，元々，アメリカの天文学者ヴェラ・ルービン（Vera Cooper Rubin）が，銀河の外側と内側の星の回転スピードがほぼ同じであることを発見し，その説明のために質量をもつ不可視存在として導入し，その存在を証明した。

NASA（アメリカ航空宇宙局）が打ち上げた宇宙背景放射を正確に観測するための科学衛星WMAP（Wilkinson Microwave Anisotropy Probe）によると，宇宙の中味はダークエネルギー73%とダークマター23%，通常物質4%で占められていることがわかった。つまり，この比率の材料をもって，我々の目に見える15%の物質と残りの85%のダークマターが創られているわけで，我々の目に見える物質も，通常物質のほか，ダークマターとダークエネルギーで構成されているのでは，と考えてもおかしくはないであろう。

ダークマターは，目に見えないということで，その名が付けられたが，印象的に暗黒物質というと，なにやらおどろおどろしい雰囲気を感じてしまう。しかし，この大宇宙が厳然としてそのような構成要素で創られているなら，我々が肉の目で見える世界はほんの少しで，大部分はそれを遥かに凌ぐエネルギー体で構成され，３次元世界では手で触ることも見ることも適わないが，実体としては確かにあるのだ，ということを受け容れざるを得ない。

一方で，この大宇宙は多次元構造をしていることもほぼ分かっており，これを合わせて考えると，ダークマターとは，３次元世界を含む高次元世界を構成している物質であり，それを機能ならしめているのがダークエネルギーだ，と考えてもおかしくはあるまい。我々は，その３次元的側面のみを観測して視覚

・われわれの目に見える、いわゆる三次元世界の通常物質は大宇宙の物質の 15% しかなく、そのほかは、光とは何の反応も示さない見えない物資で構成されている。
・一方で、この世界は多次元世界で成り立っていることから、高次元世界がダークマターで成り立っているとして、ダークマター側から見ると、我々の住む三次元世界はどのように見えるだろうか。

図 7.1　ダークマターと多次元世界論との関係

機能を有効ならしめようとしているのだ。

我々がものを見るということは，その物体が発している光を見ているのだということを，これまでの解説でほぼご理解いただけたと思う。しかし，冒頭でも述べたように，元々，この世界の成り立ちが多次元構造になっていたり，目には見えないダークマターやダークエネルギーで満ちていることを考えると，物質の成り立ち自身がこの３次元世界だけで閉じているものではないのだ，ということがわかる。

この３次元世界に生きる住人には見えない存在ということでダークマターというネーミングがなされているが，もし，ダークマターが高次元世界の存在だとすると，図7.1に示したように，ダークマター側の世界からは，ダークマターの世界はもちろんのこと，３次元世界もお見通し，ということで，実際にはダークマターというネーミングは相応しくないのかも知れない。さしずめホワイトマター，ないしは我々から見るとトランスペアレントマターといったところだろうか。

我々，人間に備わっている視覚機能は，このような大宇宙の成り立ちを反映していると考えられ，この３次元世界だけで得られる情報をすべて総動員したとしても，人間と同等の視覚機能を実現することは極めて難しい，というのは至極当然のことなのである。では，どうするか。それが，マシンビジョンライティングの原点である[1)]。

7.1　物体の明るさを支配する要素

我々は，この３次元に在って，実際にはあらゆる場面において，高次元エネルギーといってもいい，念いや意志の力を駆使して様々な判断をなしている。実際に，念いや意志にはエネルギーがあるのである。しかしながら，我々には，それが３次元の事象に反映されて，はじめてそれを目に見える形で認識することができる。したがって，２次元画像が３次元存在の影であるように，３次元におけるあらゆる現象は，４次元以降の高次元存在の影でしかない，と考えてもおかしくはない。

影を見て，その元なる姿を言い当てることは，簡単なようで，実は極めて難しいことなのである。次元を遡るということは，例えば我々の認識を越えた尺度を，その影を観察するだけで言い当てなければならないのである。それは，いってみれば博打のようなものであり，当たるときもあれば外れるときもあって当然であろう。

しかし，FA用途向けのマシンビジョンシステムにおいて，元々，このような行き当たりばったりのシステムを適用できるだろうか。答えは，否であろう。そこで，この３次元世界の物理量の変化だけで，可能な限り物体認識できるようにする技術が，マシンビジョンライティングなのである。

それは，この３次元世界での光の変化を高S/Nで観測し，そのいくつかの情報をもって帰着すべき物体認識へとつなげる技術である。

そして，その最適化過程において，３次元の視覚情報の大元である物体の明るさが，どのような要素で支配されているのかを見極め，これを制御するのがマシンビジョンライティングの役割なのである。

したがって，物体の明るさを支配する要素を見極めること，すなわちその特徴点における光物性の変化を解析することによってその照明法を決定し，更にその最適化設計を為してゆかねば，マシンビジョンシステム全体を，正常に動作させることは適わないのである。

7.1.1　光と電磁波

光とは，電場と磁場が共に振動して空間中を伝わってくる電磁波（electromagnetic wave）という波動現象であると共に，それは質量のないエネルギー量子，つまり粒として振る舞うことが分かっている。これを，光量子（こうりょうし）若しくは光子（Photon）という。

電磁波は，物理学の天才，ジェームズ・マクスウェル（James Clerk Maxwell）が1861年に発表した４つの方程式，通称マクスウェルの方程式によって導かれるように，電場と磁場の波が交互に現れて空間中を伝搬するエネルギーである。

マクスウェルは，当時，既に研究が進み，或る程度確立していた可視光という考え方の枠組みに，それを包含する電磁波という光の存在を発見し，その概念を我々にもたらしたのである。

つまり，我々が見ることも触ることもできない「場」というエネルギー空間があり，その場が振動することで確かに伝わるエネルギーがあるということである。

電磁波は，電場と磁場の強度が変位することによって発生し，伝わっていく。そして，そのエネルギーは，既にご紹介したように（5.1）式で表される。

$$E=nh\nu \quad \text{(5.1)}$$

この式は，光子1個のエネルギーが，プランク定数 hと振動数νをかけたもの，すなわち $h\nu$ で決まり，それが n個あるときの総エネルギーが Eである，という風に読み取れる。

つまり，光の波と粒を結ぶ式が（5.1）式である，ともいえるわけである。

光とは，誠に不思議なものである。光も，この世に姿を現した高次元エネルギーだとして，我々は，この光こそすべてのものの元であると思っているわけだが，実際には，更にその元になっているものとして，冒頭でご紹介したダークマター，若しくはダークエネルギーが深く関わっているのかもしれない，と考えるのはごく自然な考え方であろうと思う。なぜなら，この大宇宙には，他にその構成物となるものがないからである。

唯物的に考えると，我々は，たまたま偶然に現れて，この地上で暮らし，更にいろんな偶然が入り混じってそれぞれの人生を歩み，一定の時間の後に消えていく存在だとしか見えないが，実は高次元世界から見ると，この世におけるあらゆる原因と結果は，全くの必然にしか見えないのかも知れない。ということは，翻って考えてみると，我々が自分の前にたまたま偶然に現れたと思っている事象は，すべて完璧にコントロールされているのかも知れない。そして，それをコントロールしている張本人は，実は自分自身なのである。これは，カルマーの法則という仏教的世界観の一部であるが，そのように考えると，すべての辻褄がぴたっとあって，なぜか美しいほどに矛盾が失せてしまうように感じるのは，決して私だけではないはずである。

7.1.2　物体光の見た目の明るさ

物体の見た目の明るさが，物体光の輝度で決まっていることは既に述べたが，では，その明るさが輝度との関係で，どのように決まっているのか，ということを考えてみたい。

ここで，再度述べておくが，従来は物体がどの程度明るく照らされているかという尺度，つまり人間の視覚を考えるなら照度（illuminance）で十分であった。これは，どの程度明るく照らされているかが分かれば，人間は大体どのくらいの明るさに見えるかという，暗黙の了解があったからである。しかし，実際には，その明るさは，見るものに拠っても変わるし，瞳の開口程度によっても変わる。

さて，図7.2に示すように，物体の見た目の明るさは，人間の場合，眼球の中の瞳の大きさと瞳から物体までの距離で決まる観察立体角が重要な役割を果たしている。

すなわち，物体から返される物体光が，観察立体角の中にどの程度捕捉されるかによって，物体の明るさが決まっている。

物体光が理想的な散乱光なら，その散乱光からどの部分の立体角を切り取っても均質に光エネルギーが含まれているはずなので，物体の明るさは，散乱光の輝度と観察立体角の大きさで決まる。

この状態が，いわゆる通常の照明工学の世界で扱われる状態である。（図7.3

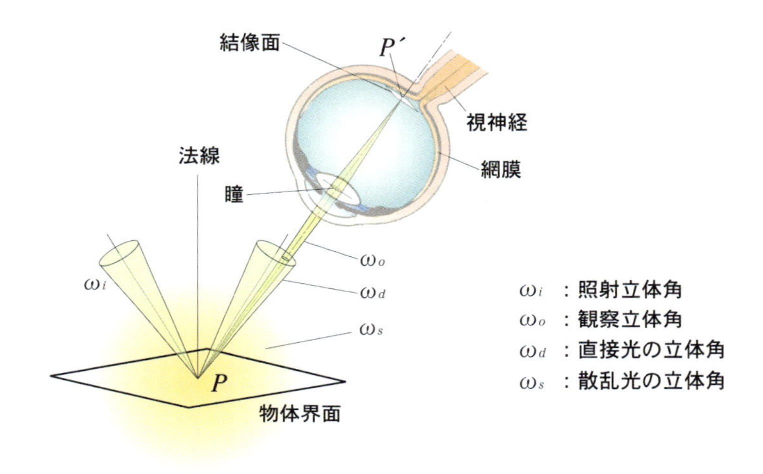

・瞳を底面とし被写体面の点 P を頂点とする錐体が観察立体角 ω_o であり、この錐体の中にある光エネルギーが、結像面の点 P' に集光される。

・網膜上にある視細胞によって明るさが感じられるが、これは像面照度によって決まる。

・観察立体角 ω_o の中に含まれ、点 P' に集光される光エネルギーは、物体光の立体角 ω_d、ω_s と観察立体角 ω_o との包含関係によって決まる。

図 7.2　物体光の明るさを決める要素

の(a)参照)

理想的には散乱光は均等拡散しており，その輝度はその散乱光を放っている物体面の照度で決まっている。そして，その物体面の明るさは，その物体の各点から発せられている散乱光をどれだけ大きな範囲で捕まえて，もう一度結像面に集めるか，すなわち，光学レンズでいうと，絞りを開ければ明るく，閉めれば暗くなる，というように決まっている。

ところが，物体光が直接光の場合は，様子が大きく変わってくる。

まず，直接光の立体角に観察立体角との包含関係が全く無ければ，その観察立体角内の光エネルギーは0となり，物体の明るさを感じることができないので，真っ暗となる。

直接光の立体角が，観察立体角との包含関係をもっている場合にだけ，直接光はある明るさになって観察される。

7.2　物体の明るさを定量的に評価する

これまで，物体の明るさに関与する物体光としては，その性質上，直接光と散乱光に分類して考えた方がいい，ということを述べてきた[2)]。

しかし実際のところ，一般的な照明を考える多くの場合で，直接光は無視されてきたか，ないものとして物体の明るさが論じられてきたのである。また，それだけではなく，物体がどの程度の明るさに見えるかは，物体面の照度にすり替えられてきたといっていいだろう。

それは，物体の明るさは物体の分光特性にも依存するし，なにより人間が見て感覚量として感じる明るさなので，この明るさを論じようとすると，心理量の世界に踏み込むことになり，物理量だけを用いる，いわゆる客観的な指標ではそぐわなかったのが実際のところであろう。

ところが，マシンビジョンとなるとそうはいかない。カメラで捕捉される明るさは，物理量で完璧に表現することが可能なのである。当然，直接光も無視するわけにはいかなくなってくるし，むしろ積極的に直接光を観察する場合，すなわち明視野で撮像する場合が少なくとも半分はあるのである。

ここだけを見ても，マシンビジョン画像処理システムにおける照明では，その明るさを同定するのに，単に物体を明るくして照度が如何ほどか，などとはいっていられないことが分かる。物体光の明るさを定量的に把握できてこそ，はじめてその最適化設計が行えるのである[3)]。

7.2.1　物体光の明るさを分析する

図7.3に，物体光の明るさを考える際に必要となる立体角要素について，その概要を示す。

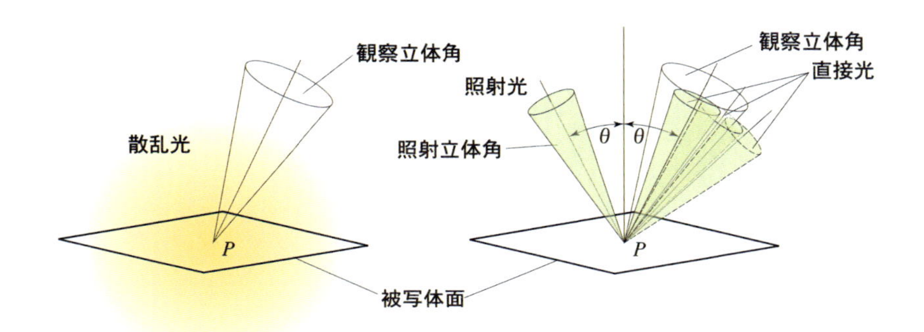

(a) 散乱光の観察（暗視野）　(b) 直接光の観察（明視野）

・観察立体角内に捕捉できる光エネルギーが、物体の見た目の明るさに関与する。

図 7.3　物体光の明るさを決める立体角要素

図の(a)は，散乱光の観察，すなわち暗視野の場合を示しており，どちらの方向から見ても散乱光は均質に分布しているので，その明るさは散乱光の輝度 L_S と観察立体角 ω_o で決まっている。

散乱光の輝度 L_S は，点 P 近傍の照度 E_P と散乱率 σ によって，式（7.1）で表すことができる。

$$L_S = \frac{\sigma E_P}{\pi} \quad \text{(7.1)}$$

したがって，散乱光の明るさは，点 P 近傍の照度 E_P と散乱率 σ，及び観察立体角 ω_o で決まっている。（ただし，ここでの散乱率とは，その物体の分光特性等の散乱光の明るさに関与するすべての変化要素を含んでいるものとする。）

次に，図の(b)は，直接光の観察，すなわち明視野の場合を示しており，直接光は散乱光のように均質に分布しているわけではないので，直接光のどれだけの角度範囲が観察立体角によって捕捉されるかで明るさが決まっている。

まず最初に，観察立体角が，照射立体角の法線に対する対称方向と一致している場合を考えてみる。つまり，物体から返される直接光の光軸と観察立体角の光軸が一致している場合である。

今，照射立体角ω_i，観察立体角ω_oの平面半角を，それぞれ，θ_i，θ_oとして，$\theta_o \leqq \theta_i$の場合，点P近傍の明るさは観察立体角ω_oと直接光の輝度L_Dで決まる。

ここで，直接光の輝度L_Dは，式（7.2）に示すように，物体における反射・透過率ρと照明の輝度L_iに比例する。

$$L_D = \rho L_i \qquad (7.2)$$

したがって，直接光の明るさは，照射光の輝度L_Dと，物体における反射・透過率ρ，及び観察立体角ω_oで決まっている。ただし，ここでいう反射・透過率とは，その物体の分光特性等，直接光の観察方向に対する明るさに関与するすべての変化要素を含んでいるものとする。

とすると，ここまでは，散乱光の明るさに対して散乱率が反射・透過率に，そして照度が輝度に変わっただけ，と思われるかもしれない。しかし，元々，輝度は方向のファクターを含んでいるが，照度は含んでおらず，照度と輝度とは全く別の尺度であることや，散乱率と反射透過率とは全く正反対の指標であることから，物体光のうち，散乱光を見るのか，直接光を見るのかで，その明暗のプロファイルは見事に逆転するのである。そして，これが，明視野，暗視野のいわれとなっている。

7.2.2 立体角要素について

図7.3では，立体角要素が物体光の明るさを決める，とされている。立体角要素（solid angle factor）とは，直接的には物体光の放射立体角と観察立体角の包含関係を指し，明視野では間接的に照射立体角と観察立体角との相互関係を指す。

立体角要素は，F_{SA}という量記号で表し，照明規格（JIIA LI-001-2013）では，分散直接光の平均明るさの式にだけ採用されているが，実際には直接光の明るさにおいても，反射・透過率ρの中に埋め込まれており，分散直接光では，それとは更に別に分散立体角との相関が必要なため，特にF_{SA}を置くことで，ρとは別の要素として注意を喚起している。分散直接光については，後に詳述するので，ここでの説明は直接光に代表させるが，簡単には，直接光が場所によって，その反射方向を一定の範囲で分散分布させるような物体光を指す。これを，従来の照明工学で扱っているように，拡散光といってしまうと，散乱光のように拡散反射するものと区別がつかなくなり，また特性もこれまで述べてきたように，かたや照度に，かたや輝度に，その明るさが比例するので，これを混同してしまうと最適化が難しくなるためである。

参考文献等

1) 増村茂樹: “マシンビジョンライティング基礎編 - 画像処理 照明技術～マシンビジョン画像処理システムにおけるライティング技術の基礎と応用～”，pp. 1-8，日本インダストリアルイメージング協会，Jun.2007.（初出：“マシンビジョン画像処理システムにおける新しいライティング技術の位置づけとその未来展望，特集ーこれからのマシンビジョンを展望する”，映像情報インダストリアル，vol.38, No.1, pp.11-15, 産業開発機構, Jan.2006.）

2) 増村茂樹: “マシンビジョンライティング応用編”, pp.151-156, 日本インダストリアルイメージング協会，Jul.2010.（初出：“連載（第56回）ライティングシステムの最適化設計（25）”，映像情報インダストリアル，Vol.40，No. 11, pp.59-63, 産業開発機構, Nov.2008.）

3) 増村茂樹: “マシンビジョンライティング実践編 - 画像処理 照明技術～マシンビジョン画像処理システムにおけるライティング技術の基礎と応用～”，pp. 222-226，日本インダストリアルイメージング協会，Nov.2013.（初出：“連載（第95回）最適化システムとしての照明とその応用（29）”，映像情報インダストリアル, Vol.44, No.2, pp.67-73, 産業開発機構, Feb.2012.）

8. 機械の見る物体光を制御する

機械の見る物体光は，人間が見る映像と同じだろうか。ほぼ同じであろうと考えるのが普通であるが，実は，これが全く違うのである。人間は心理量の世界で映像を見ているが，機械は物体光の物理量の変化そのものの濃淡情報を見ているのである。人間は，そのなかから必要な情報を臨機応変に抽出できるが，機械ではそうはいかない。

一般には，「そのために画像処理技術があり，その処理アルゴリズムの中で様々に必要な特徴情報を抽出すればいい」と考えられるのが普通であろう。しかし，そのためには，人間と同じような映像では難しく，機械に入力される画像そのものが，その画像処理の中で行われる特徴量の抽出に適合していなければならないのである。

8.1 脳と肉体動作との関係

機械の見る画像を考えるにあたって観の転回が必要であることは，これまで述べてきたとおりであるが，では，何をどのように考えて，その画像の最適化を図ればいいのだろうか。

8.1.1 仏門と出家

過日，ある方が私の経歴を見て，仏門に入ったことにご関心を示された。実は，その方も出家されたご経験がおありで，ご自分の経験に照らして，私の常軌を逸した出家に目を丸くされていた。子供もまだ小さくて，いわゆる管理職になったばかりの頃であった。普通なら「さあ，これから」というところだろうが，私は，その時に，これから仕事を続けていくために，どうしても知っておきたいことがあった。それは，この世に存在するものが「何のために，何を目的に現れているか」ということであった。得てして，理系の人は，説明のつかないことや，論理的にきちんと説明できないものに対しては，自ら本能的にその理解を拒絶するようなところがある。仏教では，万物万象に仏性が宿っていると教えるが，言い換えれば，これは，すべての存在にその存在理由がある，ということである。

ところで，その方も御出家の経験がお有りだそうで，こんなことを私に話された。「人間が何らかの行動を起こすとき，その行動を意識する前に，既に脳から行動するように指令が出ている，ということだそうだ。つまり，例えば，指を動かそうと意識する前に，無意識に脳から指を動かすように指令が出ている」というのだ。

その方曰く，この事実が，ご自分の出家した原因になった，とのことだった。すなわち，脳を含めて，我々の肉体は，あくまでこの世の物質として機能しているだけで，その物質に意識を与え，コントロールしている主体は別にある，ということだと考えられたのだ。その方は，それを探究するために，仏教を選び，出家されたのだそうだ。

仏教を学ぶには，学問を学ぶように，単に本か何かを読めば済むというものではなく，その教えを深く理解する為に，この世的な考え方を超越するための力が必要となるのである。簡単にいえば，それを可能にするのが，この世の様々なしがらみを断って，物事の本質を考える態勢を整えること，それが出家ということなのである。

8.1.2　脳と意識

私は，即座に，その方にこのように言った。「この肉体そのものは単に物質として機能しているだけであって，この世の様々な情報を「こころ」に伝達したり，若しくは，「こころ」の思うところに従って，この世的な物理動作をしているに過ぎないのですよ。仏教では，この世の肉体を，魂がこの世に姿を現すための，まるでぬいぐるみのようなものだ，と説いていますよね。ところで，機械やコンピュータはすべてこの世の物質で構成されているという点で，高々このぬいぐるみと同じ機能しか果たすことができません。そこで，視覚機能というのはまさに「こころ」の部分の心理的な機能ですが，これを機械やコンピュータだけで実行可能な機能として作り込むという仕事が，マシンビジョンライティングという私のライフワークなのです。」これを聞いて，その方は，大きく頷き，私の仕事の内容を深く理解されたようだった。

ここで，「指を動かそうと意識する前に，脳から指を動かすように指令が出ている[1)]」という事実を発見したのは，米国カリフォルニア大学サンフランシスコ校の生理学者，ベンジャミン・リベット（Benjamin Libet）である。この事実は，様々な分野の科学者を動揺させ，いまだにその論理的な説明はついていない。

8.1.3　仏典の真実

仏教では，この世に存在するものが「何のために，何を目的に現れているか」ということを，縁起の理法で明確に説ききっている。その多次元世界を前提とした法則は，まさに現代科学の最先端の研究が明らかにしようとしている内容と，見事に符合する。すなわち，一見，偶然にしか見えないこの3次元世界で起きる事象を説明しきるのは，この世界で閉じた形では難しいのである。

唐突に仏教の話が出てきたと思われるかもしれないが，先頃お亡くなりになられた米国MIT（マサチューセッツ工科大学）のマーヴィン・ミンスキー（Marvin Minsky）教授も，やはり仏典を研究されていた。ミンスキー教授は，「人工知能の父」と呼ばれているコンピュータ科学の第一人者であるが，彼は，「人間の心のしくみを探るのに，仏教以上の教えはない[2)]」と語っておられる。

仏教は，いわゆる一神教ではなく，この世の成り立ちと構造，及びその理を，明確に解ききっている，宗教書であり理論書なのである。

このことは同時に，「こころ」の機能のひとつである視覚機能を，機械やコンピュータにもたせるに当たって，常に肝に銘じておかねばならない。

かくして，「マシンビジョン画像処理システムにおける照明は，通常の照明とはまるで違う役割を担わざるを得ない」という事実に直面するのである。つまり，「機械の見る物体光を，如何に制御するか」ということが求められているのである。

8.2　マシンビジョンと人工知能

脳と人間の物理的行動に関する不思議な関係については，既にご紹介したように，肉体人間と一体でありながら肉体人間ではない意識体が存在することの証左ではなかろうか。すなわち，肉体は，この意識体の指令によって動いている高性能の着ぐるみロボットのようなものだと考えると矛盾なく説明できる。

では，以上を仮定して，マシンビジョンと人工知能，ひいてはマシンビジョンライティングについて，その本質部分を探ってみたい。

8.2.1　機械と人工知能

例えばおいしそうなリンゴが木に実っていて，それを見て，もいで食べようと思うのは，肉体の方ではなく意識の方である。意識の側から，腕を伸ばしてリンゴをもぐ動作指令が発せられてはじめて，着ぐるみロボットの方が物理的に動くという仕組みになっているはずである。

ここで，もし，脳の機能がこの意識そのものを機能させているのだとしたら，腕を伸ばそうとする意識が，物理的な動作をするための指令に先立って脳に存在しなければ，説明がつかないことになる。どうやら，その意識そのものも，腕を伸ばす指令と同じように，意識体から肉体感覚として降りてくるものなのであろう。

すなわち，図8.1に示すように，人間の意識体を人間に，そして肉体をうさぎの着ぐるみに置き換えて考えてみると，(a)の人間が中に入っているうさぎの方は，いかにも生きているように見え，うさぎ自身がリンゴを見て，その情報を

(a) 着ぐるみを着た人間　　(b) 着ぐるみ脱いで　　(c) 着ぐるみだけになると…

・意識体を人間に、肉体を着ぐるみに置き換えて考えてみると、人間が着ぐるみを着たうさぎはまるで現存するうさぎのように見えるが、人間が着ぐるみを脱いでしまうと、残された着ぐるみだけでは、リンゴを見てもおいしくは感じないし、とって食べることもない。

図 8.1　人間の意識（こころ）と肉体の関係

基にしてリンゴをもいでいるように見える。しかし，人間がその着ぐるみを脱いでしまうと，(c)に示したように，その着ぐるみだけでは，外見は同じようにうさぎに見えるが，このうさぎはリンゴを見てもおいしそうだとは感じないし，これをとって食べることもない。

では，この着ぐるみに対して，リンゴを見た時にはそれをリンゴだと認識できるようにし，おいしそうならそれをとって食べるという動作ができるように，プログラミングしておけばよいではないか，という議論がなされるのは必至であろう。

しかし，それは，人間が，どのようにリンゴをリンゴとして認識し，それをおいしそうだと感じるか，ということが，すべて機械の物理動作としてプログラミングできる，ということが前提である。

そこで，冒頭に紹介した脳と人間の物理的行動の関係によると，人間の肉体のように精巧で高性能なシステムであっても，脳がリンゴを取ろうと思ってリンゴを取る動作がなされるのではない，という事実に着目されたい。

これは，「意識そのものが，人間の肉体とは別のものである」と考えないと説明がつかないのではないだろうか。そこで，「脳は自らの動作の後にその後追いで状況を把握し意識化しているのではないか」と考えてしまうと，では，その動作の指令を発した主体はなんなのか，脳の細胞が偶然に起こした動作なのか，ということになって後先の辻褄が合わなくなってしまう。

意識の世界は念いの世界であり，これを「こころ」と言ってもいいが，この世界における論理の尺度は心理量であって，次元がひとつ上がっているがゆえに，物理量だけでは完全に表現できないものであるといってよいであろう。

それを，物理動作だけで，結果が同じになるように機能させるには，まさに，それなりのからくりが必要となって来ざるを得ない。

ロボットに人間と同じような高度な認識能力をもたせ，自律動作させようという試みが人工知能（AI：artificial intelligence）に関する取り組みであるが，視覚機能はこの中でも高度な部類に属する機能である。

人工知能の技術を用いて作られたロボットや機械は，まるで，そのロボットや機械が人間と同じようにカメラの目で見たものを認識して動いているように見えるかもしれない。しかし，これはあくまで巧妙に，そのように順序立てて動作するようにプログラミングされているだけであり，決して機械が人間と同じように視覚情報を認識しているわけではない，ということに留意されたい。

専門家は，しきりに人工知能だと声高に喧伝するが，そうするとうけがよいからであり，実際にはそうではないことを，専門家自身が熟知しているのではないだろうか。どんなに巧妙なからくり人形をつろうと，それはどこまでいっても単なるからくりに過ぎない。

しかし，人工知能研究の原点において，人工知能が「このからくりをどれほど巧妙に構築するかによって，得られるものだ」とする考え方がある。すなわち，その原因と結果を結ぶ論理や仕掛けは問わず，結果的に，外部から見てその機械が知的かどうかを判断する，という考え方である。

この考え方を提唱したのは，イギリスの数学者アラン・マシスン・チューリング（Alan Mathison Turing）で，チューリング・テスト[3)]という，人工知能かどうかを判定する基準が有名である。

すなわち，人間がコンピュータに対して様々な質問をし，これに対してコンピュータの答えた返事が，知能を有している人間と同等だと思えるかどうかという基準である。

結局，どちらにしても機械が実現できるのは，あくまでも物理量を基にした演算のみで，心理量の領域の演算は難しいということは間違いない。

8.2.2 機械にできること

チューリング・テストに反論しているのは，アメリカの哲学者ジョン・ロジャーズ・サール（John Rogers Searle）で，彼は人工知能批判で知られ，チューリング・テストに対する反論として「中国語の部屋（Chinese Room）」という思考実験を提案している[4)]。

図8.2に示すように，ある小部屋の中に，アルファベットしか理解できない例えば英国人がいて，外部からこの人に漢字で書かれた1枚の紙きれが差し入れられる。彼にとってはこの漢字は記号の羅列にしか過ぎないが，彼の仕事はこの記号の列に対して，新たな記号を書き加えてから，紙きれを外に返すことである。どういう記号の列に，どういう記号を付け加えればいいのか，それは部屋の中にある1冊のマニュアルの中にすべて書かれている。

彼はこの作業をただひたすら繰り返す。すると，部屋の外にいる人間は「この小部屋の中には中国語を理解する高度な知能をもった人がいる」と感じるだろう。しかしながら，小部屋の中には英国人がいるだけである。彼は全く漢字が読めず，作業の意味を全く理解しないまま，ただマニュアルどおりの作業を繰り返しているだけである。それでも部屋の外部から見ると，中国語による対話が成立しているのである。

チューリングテストに拠れば，この部屋は中国語を理解していると判定することになるが，果たして本当にそうだろうか。

実は，この中国語の部屋の中で行われていることは，コンピュータの中で行われていることと全く同じなのである。コンピュータは，入力に対して，あらかじめプログラミングされているとおり，すなわち図8.2でいうとマニュアルに従って動作しているだけであり，マニュアルはこのコンピュータを動かすプロ

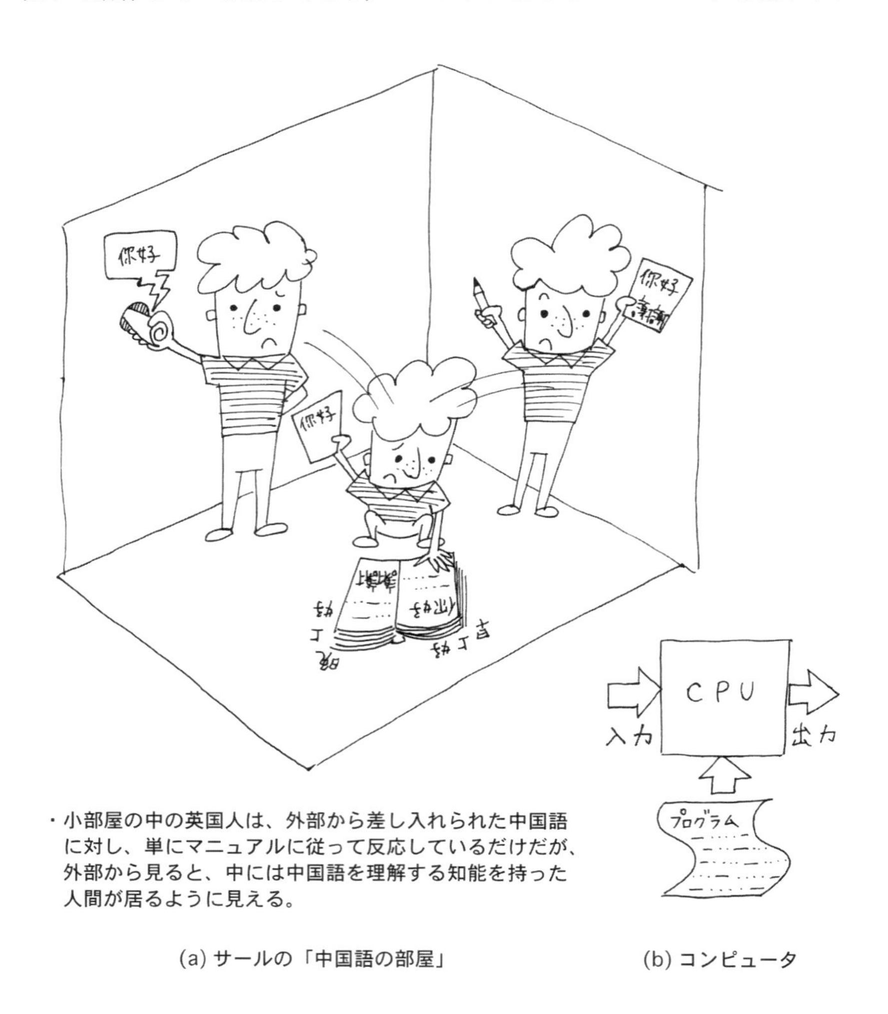

・小部屋の中の英国人は、外部から差し入れられた中国語に対し、単にマニュアルに従って反応しているだけだが、外部から見ると、中には中国語を理解する知能を持った人間が居るように見える。

(a) サールの「中国語の部屋」　　(b) コンピュータ

・英国人を CPU、マニュアルをプログラムに対応させると、コンピュータの動作と等価。

図 8.2　サールの「中国語の部屋」とコンピュータの対比

グラムであり，英国人はそれを実行するCPUに対応している。この単純作業が果たして知能といえるかどうかということになる。

結局，サールの結論としては，コンピュータでは真に知能をもった人工知能は作れないということになるが，「見かけ上，知能をもっているように動くのであればそれで十分ではないか」という考え方もある，ということである。

確かに，プログラミングされた範囲においては，良くできましたということで，知能をもった人間と同じ反応ができたとしても，少し，質問のニュアンスが変わったらどうなるのだろうか。とたんに，ちぐはぐな応答になるのでは，通常では何の問題もなく信頼に足る動作をしているが，ひとたび例外的な入力がなされ，それをコンピュータが気付かなかった場合，これは極めて危険な動作になることも十分考えられる。

8.2.3　文字認識と画像認識

さて，そこで，視覚情報一般を考えると，こちらは文字や音声とは事情が大きく異なってくる。

例えばリンゴにしても，大きさや形，色などが千差万別で，これを機械で認識するためには，リンゴの何を特徴情報として判断するか，ということが重大事になってくる。

視覚情報として人間が識別できるのは，明暗情報のほか，形や大きさや色，表面の風合い，といったところだろうか。また，光を当てる方向や当たり具合，更にそれをどちらから見るかによっても，その視覚情報は大きく変化する。

これを認識するということは，文字や言葉の認識よりも遥かに難しい，ということが容易に理解できよう。文字認識においてさえ，手書き文字やくせ字になると，とたんにお手上げになるのは周知の事実である。その何倍も難しいのが，視覚情報一般の認識なのである。

人間の場合は，「こころ」の領域で心理量を尺度とし，このような多様な視覚情報から様々な情報を的確に抽出してそれを認識することができる。

では，物理量しか扱えない機械の場合は，どのように物体認識をすればよいのだろうか。すなわち，映像情報を，文字や音声のように，一意に認識できるような情報に変換してやる必要が生じてくる。この役割を主に担っているのが，マシンビジョンライティングなのである。

ここまで話を進めてくると，なるほど，マシンビジョン画像処理システム向けの照明は，いわゆる物体を明るく照らす照明とは，役割も違えば，その方法論も大きく異なってくる，ということがご理解いただけるのではないだろうか。

8.3　物体光制御へのアプローチ

これまでの説明で，物体を見るということは，物体から発せられている物体光を見ているのだということ，つまり，物体がどのように見えるのかということは，物体光の明るさが，どれくらい明るいのか，そして物体の各点でその明るさがどのように異なっているのか，ということを見ているのだということをご理解いただけたと思う。

簡単に言っているが，これは誠に大きな観の転回なのである。私は，これを「照明のパラダイムシフト[5),6),7)]」と呼んでいる。

私達人間は，実はあまりにも高度な人間の視覚機能に頼り切っているので，照明は光を発する道具で，その光で明るくなったものが目に見えるようになり，目に見えたものは，我々の「こころ」の世界でいとも簡単に認識される。また，見たことがないものなら，それが何であるかを演繹的に推論することもできる。

これを物理世界における現象論として見ると，人間の視覚機能は，多くの仮定や推論の上に成り立っているように見える。

では，コンピュータの性能任せで，できるだけ多くの仮定や推論をしらみつぶしに当たっていけば，何らかの本質に近づくことができるのではないか，と考えてしまう。しかし，これでは考え方が逆なのである。機械の視覚を構築するに当たって，わざわざ人間の視覚認識と同じ方法論を採る必要はない。これまで議論してきた「機械と人間」，すなわち「肉体とこころ」，「着ぐるみと人間」の対比を思い出していただきたい。機械と人間では，既に利用できる手段が異なっているのである。

8.3.1 物体光を制御するための照明

マシンビジョン画像処理システムにおける照明は，物体光を制御する為の照明である。

これも結果的には，「照射光をどちらの方向からどんな風に当てると，物体がどのように見えるか」ということになるので，最初から，「では，どのように光を当てようか」と考えがちであるが，これでは既に人間の視覚に対するアプローチと同じになってしまっていることに気付かねばならない。

機械の視覚においては，まず，「何を，どのように見るか」を十分に詰めた上で，そしてそのためには，どのような光をどのように照射して，認識の際のS/N（信号対雑音比：signal to noise ratio）を，どのような条件範囲の中で確保するか，ということを考えねばならない。すなわち，これが，様々な画像情報を，文字のように一意に認識するための基礎に当たる技術なのである。

目指す特徴情報が何であれ，画像認識のS/Nを確保するには，画像情報の元になっている物体光の明暗を制御する技術が必要になってくる。

そこで重要になってくるのが，まずは対象とする物体表面から放射されてくる物体光が，直接光なのか，散乱光なのかを，把握することである。なぜなら，直接光の明るさは照明の輝度に比例するが，散乱光の明るさは物体面の照度に比例するからである。これが分からないと，物体光の明るさを制御するのに，何をどのようにすればよいのかが分からなくなってしまう。

さて，その上で，その物体光が物体の各点でどのように変化しているのかを突きとめる必要がある。その時の変化要素は４つ。すなわち，波長（振動数），振動方向（偏光特性），振幅，そして光の伝搬方向である。

伝搬方向の変化形態は，大きく分けて２つある。ひとつは，照射光の伝搬形態をそのままに，単にその全体の伝搬方向のみが変化するもので，もうひとつは，照射光の形態に関わらず，あらゆる方向に均等拡散するように変化するものである。

前者を直接光と言い，後者を散乱光という。そして，直接光の明暗を認識に使用する場合を明視野，散乱光の場合を暗視野という。

ここで，一般の画像処理フィールドでは，背景が暗い場合を暗視野，明るい場合を明視野と呼んでいるようで，現場で話をするときに話が食い違ってしまうことが多いので，留意されたい。

以上は，2011年にグローバル標準として認証された照明規格JIIA LI-001-2013[8)]で規定されている事項であり，後に詳述することとする。

ここまで話を進めると，これまで説明してきた内容が，すべてこのためにあったことに気付かれるのではないだろうか。

8.3.2　物体光の変化を抽出する

一般に，物体光には，前述の４つの光の変化がすべて含まれていると考えてよい。例えば，図8.3で模式的に示したように，４つの変化要素が互いに重なって変化している場合がほとんどなわけである。

例えば，図8.3の(a)は，光の４つの変化要素，

A：波長（振動数）

B：振動方向（偏光特性）

C：振幅

D：伝搬方向

が，それぞれ，破線で示した範囲で変化し，それぞれが互いに重なっている場

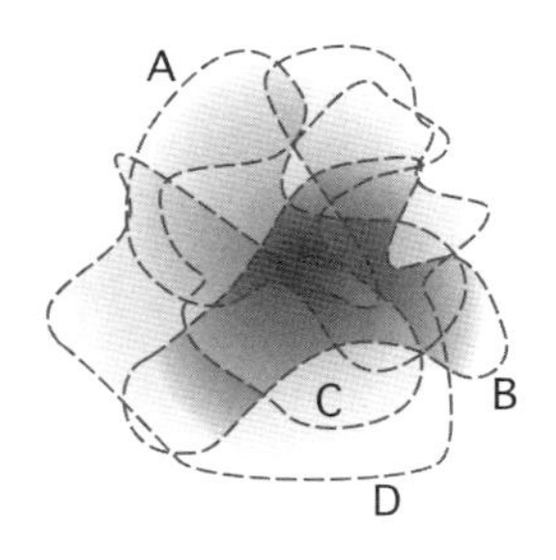

(a) 4つの変化要素の明暗が混在

(b) 通常照明で、単に明るくした場合

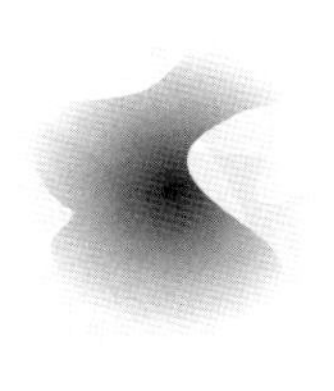

(c) 最適化照明で変化要素Cを抽出

・但し、ＡＢＣＤの濃淡変化は、それぞれ光の変化要素であるＡ：波長（振動数）、Ｂ：振動方向（偏光特性）、Ｃ：振幅、Ｄ：光の伝搬方向の変化とする。

・(a) は、物体光の内、光の４つの変化要素がそれぞれ変化しており、それが濃淡に変換されている部分を点線で囲って表示

・(b) は、通常の照明で光の４つの変化要素による濃淡情報を全て含む

・(c) は、最適化照明によってＣ以外の変化要素による明暗を抑制し、変化要素Ｃの変化のみを強調した

図 8.3　物体光の制御による明暗の変化（模式図）

合を示している。

これに対して，単純に明るくしただけでは，図の(b)のように，どの濃淡が光のどの変化要素に拠るものなのかが分からない。

これに対して，図の(c)では，４つの光の変化要素のうち，変化要素Ｃを除く残りの変化要素による明暗差を抑制し，更に変化要素Ｃの変化帯域のみに着目して，その変化による濃淡を強調し，変化要素Cによる変化を高S/Nで抽出した。図の(b)では，識別が難しかった変化要素Ｃに拠る変化量が抽出できていることが分かる。

具体的には，例えば，Ａの波長の変化による明暗を抑制するには，その波長の変化している帯域以外の波長の照射光を選んだり，若しくは白色光を照射してその変化の割合を薄めたり，といったことが考えられる。

また，Bの振動方向の変化に対しては，非偏光の光を照射する，若しくは偏光方向に変化のない振動方向を選んで偏光を照射する等の手段が考えられる。

Dの伝搬方向の変化に対しては，照射光の照射角度範囲を大きくする，すなわち観察光学系で捕捉する物体光の角度範囲内に伝搬方向の変化による明暗差が出ないように設定する，若しくは伝搬方向の変化が発生しない方向から観察する，等の方法が考えられる。

その結果，Cの振幅による変化のみが残り，その変化様態が観測できるようになるのである。

ただし，ここでご留意いただきたいのは，実は，Aの波長の変化も，Bの振動方向の変化も，Dの伝搬方向の変化も，すべての変化は，それを捕捉するときには振幅の変化として捕捉せざるを得ない，という事実である。このことについては，後に詳述するが，結局，光センサーによってその変化を捉えようとすると，粒としての光を捉えることになるので，その個数，つまり振幅の変化として捉えざるを得ないのである。

このことは，図8.3においても，各変化要素で生じる明暗が重なり合って，それぞれ単独の変化が埋もれてしまって，目指す特徴点がうまく見えないということの，根源的な原因になっているのである。

参考文献等

1) ベンジャミン・リベット ，下條 信輔 訳: “マインド・タイム 脳と意識の時間”，岩波書店，Jul.2005.（原著：Libet，Benjamin :“Mind Time-The Temporal Factor in Consciousness.”, Harvard University Press, 2004.）

2) 田原 総一朗：“生命戦争—脳・老化・バイオ文明”, 文藝春秋, Jun.1987.

3) Turing, Alan：“Computing Machinery and Intelligence”, Mind LIX (236): pp.433–460, Oxford Journals, Oct. 1950.

4) John R. Searle ：“Minds, Brains, and Programs.” Behavioral and Brain Sciences (1980), 3, pp.417-457. Cambridge University Press, 1980.

5) 増村茂樹: “マシンビジョンライティング基礎編 - 画像処理 照明技術〜マシンビジョン画像処理システムにおけるライティング技術の基礎と応用〜”, pp. 91-92, 日本インダストリアルイメージング協会, Jun.2007.（初出：“連載-光の使命を果たせ(第4回) 色情報の本質と画像のキー要素”, 映像情報インダストリアル, vol.36, No.7, pp.58-59, 産業開発機構, Jul.2004.）

6) 増村茂樹: “マシンビジョンライティング応用編”, pp.18-10, 日本インダストリアルイメージング協会, Jul.2010.（初出：“連載-光の使命を果たせ（第33回）ライティングシステムの最適化設計（2）”, 映像情報インダストリアル, Vol.38, No.13, pp.132-133, 産業開発機構, Dec.2006.）

7) 増村茂樹: “マシンビジョンライティング実践編 - 画像処理 照明技術〜マシンビジョン画像処理システムにおけるライティング技術の基礎と応用〜”, pp. 88-90, 日本インダストリアルイメージング協会, Nov.2013.（初出：“連載-光の使命を果たせ（第76回）最適化システムとしての照明とその応用（10）”, 映像情報インダストリアル, Vol.42, No.7, pp.71-75, 産業開発機構, Jul.2010.）

8) 照明規格：JIIA LI-001-2013 :“マシンビジョン・画像処理システム用照明 ― 設計の基礎事項　と照射光の明るさに関する仕様”, 日本インダストリアルイメージング協会(JIIA）, Apr. 2013.

＊＊

コラム ③　色即是空とお盆とマシンビジョン

「色即是空」という言葉をご存じだろう。般若心経に出てくる言葉で，「色」とはこの我々の生きている３次元世界を指し，「空」とはこの３次元世界を包含して存在する多次元世界を指す。平たく，分かりやすくいえば，「この世」と「あの世」である。

「この世」と「あの世」を結ぶ行事ともいえるお盆は，仏教国の日本人にとって馴染みが深く，この世を去ってあの世へ還った霊が，この世に生きている縁ある人たちのところへ，一時的に戻ってくることが許されているという期間である。この世では縁ある親や先祖などの霊達を迎え，そして自分たちがこの世でしっかり生きていることを見ていただく機会でもある。そして，この世へ戻ってきた霊は，それを見て安心したり，一時の安らぎを得たりして，またあの世へと還っていく。

その意味で，お盆の期間は，何となく，あの世とこの世の交流が濃くなる期間でもある。お盆ということで，この世に生きている人間が亡くなった懐かしい両親やおじいちゃんおばあちゃんを思い出すと，その思いそのものがあの世に還った霊に通じるからである，と言われている。しかし，お盆の期間だからといって，この世であの世の霊が見えるわけでもないし，直接会話ができるわけでもない。我々の生きる３次元世界と３次元を去った世界との間には，一定の時空の壁があり，あの世からはこの世を見透かすことができるが，この世からは感じることも見ることもできないのである。

仏教では，「こころ」の世界が，この「あの世」のことなのである。思いそのものが実はエネルギーをもっており，その様々な思いがこの３次元に投影されて，我々が生かされているのである。そして，この本書のテーマである視覚機能も，「こころ」の機能である。機械は「こころ」をもたないので，お盆とは何の関係もないが，その存在には，それを作り，様々な動作を吹き込んだ，やはり思いに支えられているといっていいだろう。

では，マシンビジョンなどといって，機械に視覚機能をもたせるにはどのようにすればいいか。それは，手っ取り早くいえば，機械やロボットやコンピュータに「こころ」をもたせればよい。これが人工知能的アプローチになるわけだが，結局，３次元世界では，これも一定の条件で一見「こころ」のように動作する「からくり」を作っているに過ぎない。このことは，本書でも紹介している米国の物理学者ファインマン先生の，視覚を理解するには「物理学の範囲を越えなければならない。」という言葉に象徴されている。

＊＊

9. 物体光の変化要素と照明設計

米国のノーベル賞物理学者ファインマン（Richard P. Feynman）先生が，「我々がものをみるという自然現象を完全に理解するには，ふつうの意味における物理学の範囲を越えなければならない[1)]。」と言われているとおり，機械に視覚機能をもたせるには，本当に物理学の範囲を越えなければならないのだろうか。

これは確かにそのとおりではあるが，我々は，「ものをみる」ということに対してその条件を限定し，特化したなかで，或る特定の条件で極めて高速に，しかも正確に動作する特定用途向けシステムを構成することで，ふつうの意味における物理学の範囲でできることを明確にして，機械に視覚機能をもたせようとしているのである。したがって，それを実現するための手段や論理は，当然のことながら，人間の視覚とは大きく異なってくる。

そして，視覚機能を実現する「からくり」の中では，なんと照明が視覚機能の大部分を果たさねばならないことはこれまでの解説でご納得いただけるであろう。では，照明を視覚機能として機能させるためには，どのようにすればよいのだろうか。

システムの設計者は，機械が，できるだけ誤動作を起こさないように十分な注意を払いながら，機械の目でものが見えるように，その「からくり」を考えなければならない。そして，その「からくり」の最初の重要なポイントが照明なのである。ここでの照明は，既に「からくり」の一部であり，単に物体を明るく照らす照明ではない，ということはこれまでに様々な角度から解説してきた。

マシンビジョン画像処理システムにおける照明は，そのシステムが認識したいものに対して，その画像の見方，すなわち画像演算の計算方法までを決定することになるのである。

なぜなら，対象とする物体に対して照射光の最適化を図り，観察系との関係を構築しながら所望の明暗情報を得るには，どのような照射光に対して物体光の明暗がどのようなプロファイルになるかを解析しながら，最適解に近づいていくしかなく，その「からくり」が決まった時には，結果的にそれで得られた画像の処理内容も決定してしまうからである。

9.1　物体光を制御する照明設計

マシンビジョン画像処理システム向けの照明系において，「どんな照明を作り付ければよいか」というのは最後の結果であって，実際は，その結果に行き着く過程に意味があり，この過程こそが重要なのである。ここのところを飲み込むためには，まさに照明に対するパラダイムシフトが必要となってくることは，これまでに述べてきたとおりである。

その意味で，一般によくやられているように，先に様々な形態の照明があって，そのどれを選ぶかという，いわゆる照明選定という進め方は，マシンビジョンライティングの設計法としてあまりよい方法とはいえないのである。

9.1.1　照明設計へのアプローチ

マシンビジョン用途向け照明の最適化設計過程は照明を視覚機能としてどのように設計するかを構築する重要な過程である。これを，図9.1に示すような，照明選定などという進め方にすり替えてしまうのは，それ自体，大きな問題を孕んでいる。つまり，このような照明選定の過程では，「機械の視覚であっても，ものを見る主体がカメラやレンズ，若しくは画像処理側にあり，それに対して，その条件に合う照明を選べばよい」などという，人間の視覚における心理量による映像認識と同様の組み立て方になってしまうからである。このようなアプローチでは，本来，機械の視覚を構築するに当たって，あるべき視覚機能としての照明を構築していくことは難しい。

・どの照明を選べば見たいものがうまく見えるかという、従来然とした照明系の設計では、結局、「どのような照明を最終的に選ぶか」ということに終始してしまい、「対象物の光物性の変化をどのように発現させて、高 S/N な撮像画像を得るか」という実験的最適化設計にはなっていないことが多い。

図 9.1 照明選定による照明系設計の罠

このように言うと，「そんなことはない，それで十分にうまく行っている」と言われるかも知れない。確かに，或る程度は，それなりにうまく行くこともあるかもしれない。しかし，そのようないい加減な照明設計で，皆さんは本当にそれでよしとされるのだろうか。私は，照明屋の立場として，それではあまりにも責任がなさ過ぎるのではないか，と考える者である。

これまで，マシンビジョン画像処理用途においては，物体光の明るさを制御するのが照明の役割である，ということを述べてきた。

「なぜ，物体光の明るさを制御しなければならないのか」というと，機械では光の明るさの変化，すなわち物理量の変化のみを入力として，その物体の様々な特徴点を認識できるように，物体の撮像段階においてこれを満たすように照明系と観察系の撮像条件を設定してやる必要があるからである。既に，何度か説明しているように，これが，マシンビジョン用途向けの照明が，単に物体を明るく照らすだけの道具ではないことの理由なのである。

人間の目は物体光の明暗を，いわゆる映像情報として，極めてダイナミックレンジの広いアナログ量として取り込み，それを心理量で評価できるが，機械では，あらかじめ処理の決まった画像処理アルゴリズムに対して，その変換に最適な高S/Nの画像信号をデジタル情報として取得しなければならないのである。

このことを簡潔にいうと，人間は，図9.2の(a)に示したように，目で映像情報

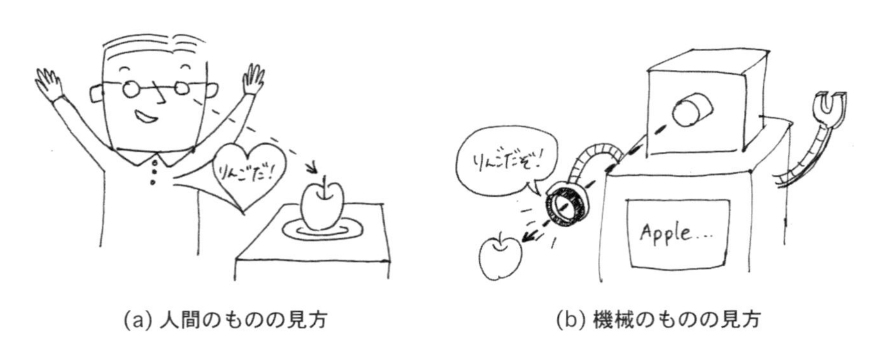

(a) 人間のものの見方　　(b) 機械のものの見方

・人間の視覚では、目で得られた映像情報が視神経や脳を経て「こころ」の領域へ伝送され、こころの世界で認識される。その評価尺度は心理量である。

・機械の視覚では、機械が、その画像情報をデジタル情報として一定のアルゴリズムで変換し、所望の結果が得られるよう、そのために最適化された照明が、リンゴとの相互作用の中でものを見る。

図 9.2　人間のものの見方と機械のものの見方

を取得した後に，「こころ」の部分でこれを自在に認識することができるが，機械の場合は，図9.2の(b)に示したように，あらかじめ何をどのように見るかが決まっていて，そのための画像情報を，照明系を中心とする撮像光学系が，ほぼ決め打ちで取得しているということである。つまり，人間は映像取得のあとでそれを見ることができるが，機械は画像を得る最初の過程で，先にものを見なければならないのである。

このことは，まさに視覚認識の後先を示しており，人間の視覚では，単に明るくなった物体を見さえすれば，あとは「こころ」の部分の心理世界で，その映像が何であるかを判断してくれるが，機械の場合は画像を取得するときに既に，それが何であるかを見なければならない，ということなのである。

これが，人間の視覚における「ものを明るくする照明」と，機械の視覚における「ものを見る照明」との違いである。

9.1.2　照明選定から照明設計へ

一般には，この人間と機械のものの見方が十分に理解されていないことから，画像処理用の照明と言えば，照明の種類をたくさんもっている照明屋さんに行って，その中から選り取り見取りで選定すればよいと考えている技術者も多いが，これはとんでもない間違いなのである。

確かに，対象とする物体の特徴情報について，その光物性を把握する上では，何種類かの照明器具が必要なことは事実である。しかし，それは，あくまでも「抽出したい特徴情報のS/Nを，どのようにしたら上げられるか」を実験するためのツールとしてであり，照明を選ぶためではないのである。

機械でその明るさの変化を読みとり，解析するためには，その明るさの変化を物理量としての数値に変換し，これに対して演算を行っていくことになる。ということは，その明るさを決めている物体光の明るさを，物理量として把握し，それを制御できることが，マシンビジョン用途向けの照明においては必須である，ということである。

つまり，機械の見る画像は，人間の見る画像に比べて，その明暗における融通の効き方が大きく異なっているのである。それは，これまで説明してきたように，人間の視覚では，心理量を評価尺度として様々な認識がなされているのに対して，機械の視覚では，すべての評価尺度が物理量で完結していなければならないことに拠る。

では，一体，どのようにしてそのシステムで使う照明系を決めればよいのだろうか。

それは，図9.3に示すように，対象とする物体において，目指す特徴情報が，どのようにしたら得られるか，その特徴情報でどのような光物性の変化が起き

・照明系の最適化設計過程では、目指す特徴情報を得るために、その物体の持つどのような光物性に着目し、その光物性の変化による光の明暗を、どのように発生させ、抽出するか、数種の照明によってそれを実験検証することによって、定量的に照明系を構築していく。

図 9.3　光物性に基づく物体光の検証実験

ているかを検証し，その光物性の変化を物体光の明暗として抽出するには，どのような光を照射し，どのように観察すればよいかを，一つ一つ実験検証していくことが必須である。その結果，どのような照射光を照射して，その結果物体から返される物体光をどのように捕捉して撮像するかを，定量的に詰めていくことができる。これを，マシンビジョン画像処理システムにおける照明系の最適化設計過程という。

先に紹介した照明規格，JIIA LI-001-2013[2]においては，５節の照明設計の基礎事項の最初で，これを次のように定義している。

5.1 照明系の設計 Lighting system design

マシンビジョン・画像処理システムにおける照明系の主たる役割を特徴情報の抽出と考え，光と物体との相互作用によって生じる光の変化量に関して，照明系によって選択的に所望の光の変化を発現させ，観察系によって更に選択的にその変化を捕捉する，その最適化設計過程を照明系の設計という。（図5.1参照）[2]

ここで，照明規格で参照している図5.1は，当時，産業開発機構刊の映像情報インダストリアル誌に連載されていた「光の使命を果たせ」から引用しており，書籍，「マシンビジョンライティング －画像処理 照明技術－ 実践編[3]」に収録されている。ここでは，実践編の図3.3を図9.4として引用し，再掲する。

図9.4では，その最適化設計を３つのフェーズに分けている。

第１のフェーズは，所望の特徴情報に対応する光の変化を発現させるための，光の変化要素と変化要因の最適化過程で，ここでは抽出したい特徴点における光物性の変化に着目する。

第２のフェーズは，照明系と観察系の制御要素で光の変化を制御する，明視野・暗視野の最適化過程で，ここでは，具体的な照射光の仕様に着目する。

第３のフェーズは，所望の特徴情報に対応する光の変化を捕捉する，光の変

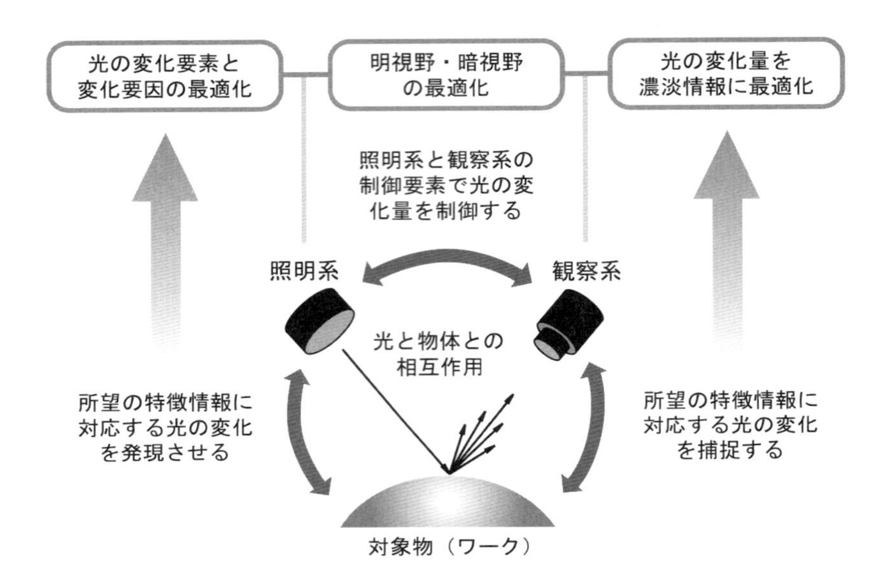

図 9.4　光と物体との相互作用に着目した画像取得

化量を濃淡情報に最適化する過程で，ここでは，光の明暗を如何にして画像の濃淡に変換するかに着目する。

すなわち，機械に視覚機能をもたせるための照明系の設計は，その最適化設計過程そのものが，機械が目的とするものを見るための，視覚機能の大部分を占めることになる。

そして，そのために重要な技術が，機械の見る物体光をどのようにして制御するかという技術である。この技術が，物体を単に明るくするための照明と大きく異なっていることに着目していただきたい。

9.2　物体光の変化の元なるもの

さて，では，具体的に光が照射されて，明るくなった物体の明るさ，すなわち物体光の明るさは，どのように制御すればよいのだろうか。

これまで，物体光の明るさと照射光との関係について，その前提となる概念的な部分を説明してきたが，ここでは，そのアプローチについて，更に理解を深めてゆきたいと思う。

9.2.1 光の変化要素

これまで，光の変化要素として，４つの要素をご紹介してきたが，ここでは，なぜ，そうなのかについて，理解を深めておきたいと思う。

まず，光は，図9.5に示したように，電場と磁場が振動して空間中を伝搬していく電磁波であるということをご了解いただきたい。このことは，現時点の物

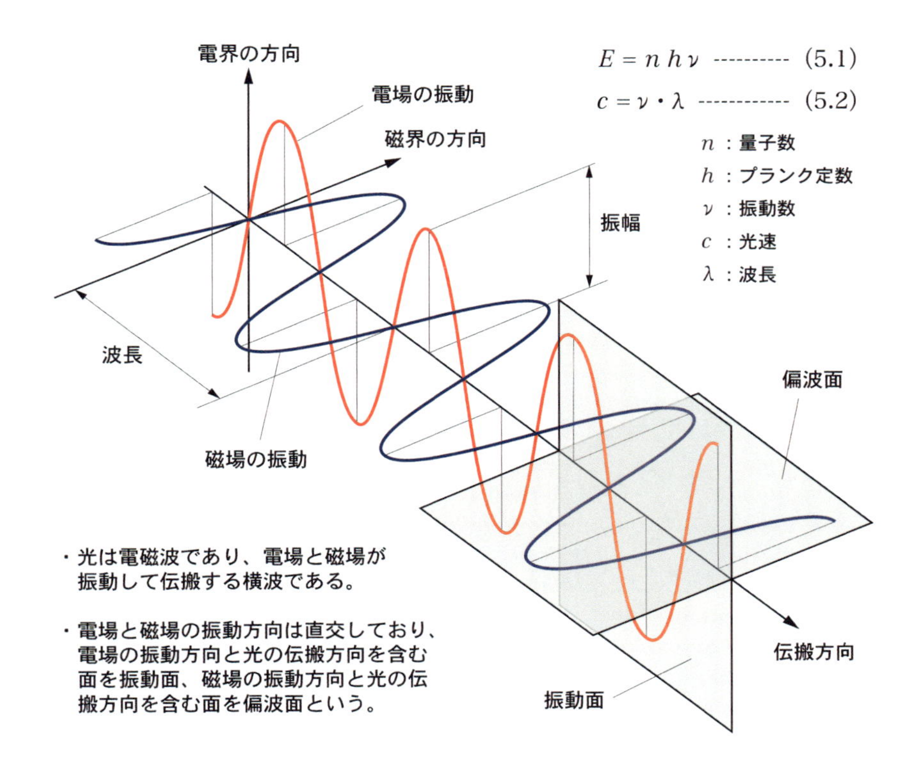

図 9.5　電磁波としての光の姿を単純化した模式図

理学者の間で，共通認識として受け容れられている。しかし，本当のところ，我々は，この３次元的な尺度でもってしか光を見ることができないがゆえに，本当は光の本質は何も分かっていないといっても許されるであろう。ただ，光を，３次元現象論的に捉える限り，電磁波という波の姿に見えるということである。

ここで，電場が変動するところ，必ずこれと直交する方向で磁場の変動が伴うので，電場の振動だけを考えて単純化して考えても特に不都合は起こらない。そして電場の振動について，その波の形を決めている要素は，波長（振動数），振幅，振動方向，伝搬方向の４つとなる。

図9.5には，これまでに紹介した光のエネルギー E を決める（5.1）式，並びに，光速 c と振動数 ν との関係式（5.2）式を再掲し，まとめて表示した。

すなわち，光のエネルギー E はその振動数 ν で一意に決まり，振動数 ν と波長 λ は，光速 c を介して，互いに逆数の関係にある。

我々が人間の視覚情報を考えるとき，そのほとんどは光の明暗情報といって差し支えないだろう。色も，感度帯域の違うセンサーによる光の明暗情報にほかならない。

そして，見たい部分が明るく照らされれば，それでいいと考えがちであるが，そこでもやはり，均一に照射したいという要望が多い。なぜなら，均一に光を照射しさえすれば，目的とする特徴情報の濃淡が見えるものだ，と考えているからである。これも然り，否定するつもりはない。しかし，この均一と言っているのは，何を均一にすればいいか，皆さんは答えられるだろうか。

光の変化要素，すなわち，明暗の元は４種類ある。観察されている明暗情報が，そのうちの，波長による変化なのか，振幅なのか，はたまた振動方向（振動面/偏波面）なのか，伝搬方向なのか，まずは，これを明確に特定することが重要になる。

次に，均一とは，一体何に対して均一なのか。実は，それこそが重要なのである。大抵は，「照射光が均一ならいい」といわれるが，実際にはそうではなく，その結果，物体から返される物体光が均一でないと，その物体における光物性の変化を捕捉することはできない。

つまり，いくら均一に光を照射しても，物体光がギラギラしていたり，その明るさに方向依存性があったりすると，我々にはその明るさの変化が，所望の特徴点における光物性の変化に拠るものなのかどうかが分からなくなってしまうのである。一般には，これをすべて照明の責任にされるので，たまったものではない。

この均一性については，ここでは，その使われ方が，ものを明るくする照明を前提としているのだということを認識するに留め，後に別途議論することとしよう。

9.2.2 光の変化要素を理解する

皆さんは，図9.5を見られて，どう思われるだろうか。「ああ，分かった，分かった。それね，よく見るやつよ。よーく分かってるから，もう説明はいいよ。」と，私のセミナーでは最初にこれを見せると，そんなことでも言いたそうな顔をされる方が少なからずおられる。

では，「照射光において振幅を均一にするとは，どういうことか説明してみてください。」というと，多くは，「振幅は明るさだから，同じ明るさにすれば，それでいいはず。」と答えられる。

「では，明るさとはどういう尺度ですか。」と問うと，「明るさは，明るさですよ。光の強さですよ。」などと答えられる。

この辺りで，既に，この程度の知識では，照明を設計するなどということは，とてもできないレベルなのである。

では，波長ではどうだろうか。「波長は色だから，同じ色の光ならＯＫ！」と答えられる。本当にそうだろうか。人間の色は，物体光のスペクトル分布の変化を色として感じているが，同じ色のスペクトル分布は無限に存在する。だいたい波長が変化するとは，どういうことか。これも，人間の視覚に照らして考えていると，とんでもないことになる。

振動方向は，どうだろうか。もともと，人間は偏光視ができないので，これこそ，一般には，何がどうなっているのかも分からないだろう。

伝搬方向は光の進む方向だから，簡単。本当だろうか。伝搬方向がすべて揃っている光が，平行光である。では平行光でない光は，どの程度伝搬方向がバラツイているのだろうか。それが均一とは，どういうことなのだろうか。

以上が，的確に答えられれば，その方は，照明の最適化設計がおできになる方であろう。これについては，先に紹介した照明規格にもまとめてあるが，詳細の解説を知りたい方は，まずは，拙著のマシンビジョンライティング–基礎編，応用編，実践編，それに本書編纂時点で近々発刊予定の発展編の４部作を，合わせて参照されたい。

かくいう筆者自身もまだまだ道半ばの身ではあるが，視覚機能に関わる光の探求には留まるところがない。光の変化要素はたった４つしかないのに，物体に光を照射すると，その物体光の変幻自在さには感服させられる。

言葉は同じ，キズといっても，その様態は，その物体の材質や表面状態などによって，キズ部分での光の変化は誠に様々である。ヘコミや打痕，形状や色にしても，その変化の現れ方は，全く千差万別で，結局，案件ごとに照明の最適化設計が必要になってくる。

光の変化要素を理解するということは，その様々な案件ごとに光物性の違いによる光の変化をどこまで探求できるか，ということとリンクしており，ここまで理解したからもう十分ということは決してない。

それは，機械の視覚を実現するためには，高次元の作用である「こころ」の機能を限定的ではあるが機械に埋め込んでいく必要があるからであろう。

参考文献等

1) リチャード・P・ファインマン, 富山小太郎 訳: “ファインマン物理学 II 光・熱・波動”, p.131, 岩波書店, May 1968.（原典：Richard P. Feynman et al., The Feynman lectures on physics, Vol.1, Chapter36-1, Addison-Wesley, 1963）

2) 照明規格：JIIA LI-001-2013 :“マシンビジョン・画像処理システム用照明 ― 設計の基礎事項　と照射光の明るさに関する仕様”, 日本インダストリアルイメージング協会(JIIA）, Apr. 2013.

3) 増村茂樹: “マシンビジョンライティング実践編 - 画像処理 照明技術～マシンビジョン画像処理システムにおけるライティング技術の基礎と応用～”, pp. 39-40, 日本インダストリアルイメージング協会, Nov.2013.（初出：“（第71回）最適化システムとしての照明とその応用（5）”, 映像情報インダストリアル, Vol.42, No.2, pp.97-100, 産業開発機構, Feb.2010.）

＊＊

コラム④　魔法とマシンビジョン

随分前だが，1960年代，テレビドラマとして放映されていた「奥様は魔女（Bewitched）」というのがある。アメリカのテレビドラマで，奥様の名はサマンサ（Samantha），その主人はダーリン（Darrin）といい，広告代理店に勤めている。

また，時を同じくして「かわいい魔女ジニー（I Dream of Jeannie）」が放送されていた。こちらのご主人はNASAの宇宙飛行士であり，なんと制作にはアメリカ空軍（USAF）とアメリカ航空宇宙局（NASA）が全面協力している。

日本のアニメ界でも，「魔法使いサリー」をはじめ，その他魔法少女ものや，妖怪等を扱った鬼太郎シリーズを代表とする霊界ものがある。

最近では，一大ブームとなった「ハリー・ポッター（Harry Potter）」シリーズがあるが，こちらは，日常生活が主ではなく，日常を脱却してホグワーツ魔法魔術学校での生活を中心とした，いわゆる魔法界での出来事や戦いを描いている。全編を通して見ると，ファンタジーとはとてもいえないし，SFでもない，むしろホラー映画に近いかも知れない。しかし，初回のホグワーツに向かう幼いハリー・ポッターをはじめとして最後まで協力者となるロン・ウィーズリー，ハーマイオニー・グレンジャーらが，日常ならざる出来事の中で驚きと共に成長していく様には，その友愛と勇気になんともいえない共感を感じる。

いずれにせよ，我々はこの世に在りながら，この世ならざる世界を垣間見ることで，心身のリラックスを得ているのではないだろうか。私達が毎夜体験する，睡眠においても同様である。確かに，身体を動かさずにじっとしていることで，休まるということもあるだろう。しかし，ロボットを動かさずにいても，その動作が改善することはない。動作時に受けた損傷や傷みは，物理的に修復してやるか交換してやらなければ，自然に回復することはない。ところが，人間の身体は日々作りかえられている。そして，これは，身体だけではなく，「こころ」においても同じである。感じ方や考え方，専門的な見方などは，過去の経験や修練でどんどん変化していく。これは，単に脳細胞の変化や連携が変わるだけでそうなるのではなく，肉体とは別にいわゆる念いの世界が実際に存在しているのだと考えると，すべてが矛盾なく説明できる。いわゆる，仏教的世界観である。

視覚機能も「こころ」の機能であるかぎり例外ではない。機械に視覚機能をもたせる仕事が，如何に大それたことか，それはまさに，機械に魔法をかけるのに近いものがある。

＊＊

10.　光物性と照明設計

これまで，「なぜ，マシンビジョン用途向けの照明が，機械にとっては視覚機能として働かねばならないのか」というお話しをさせていただいてきた。対して，それはもういいから，「どうしたら，マシンビジョン画像処理用途向けの照明の設計ができるのかを，早く教えてくれ」と思われている方も少なからずおられることだろう。

しかし，この仕事に就いてこの方，私のこれまでの大方の時間は，実は，この「照明が，なぜ，機械の視覚機能として働かねばならないのか」という説明をする時間に費やされてきた。「そんなことはあるまい」と思われるだろうが，この時間は，お客様に対してご納得いただくための説明はもちろん，実は，自分自身に対する自問自答の中で，「では，どのような照明系，ひいては撮像系にしたらいいのか」という，照明設計の原点に関わる大切な時間であった。これは，拙著の「マシンビジョンライティング実践編[1)]」に詳しいが，照明設計においては，このことが精神論でも何でもなく，実設計において，それを進める上で，必要不可欠の論理的思考にほかならないのである。

10.1　光物性を考える

さて，これまでに，光の変化要素としては４つの要素があるというお話しをさせていただいた。すなわち，光が変化するということは，その４つの要素の，どれか少なくともひとつの要素が変化しているということである。

我々の物体認識の基となっているのが，この光の変化である[2)]。物体が光に照らされて，その光が何の変化も受けなければ，その物体は照射された光と何の相互作用もなかったということである。つまり，このときには，その物体があってもなくても，その物体に照射された光には何らの変化も生じなかったということであり，結局，我々はその物体を，光の変化の相違部分としては捕まえることができないので，少なくとも見えない，ということになる。

しかし，それは目には見えない，つまり人の目でその変化を認識できる波長帯域には変化がなかった，ということだが，それ以外の帯域では変化するかもしれないし，手で触れば物体を手で感じることができるかもしれない。物体が人間であれば，いわゆる，透明人間である。

10.1.1　透明マントの不思議

先頃，あの世界的に一大ブームを巻き起こしたハリー・ポッターシリーズの中で，死の秘宝のひとつとして登場する透明マント（cloak of invisibility）がある。その様子を，図10.1に示す。

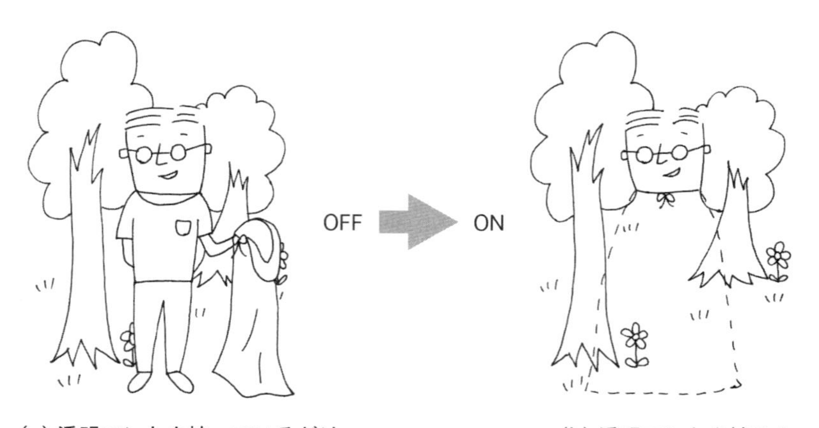

(a) 透明マントを持っているだけ　　(b) 透明マントを被ると

・透明マントは手に持っていたり置いてあるだけでは、(a) のように、普通のマントと変わらず、目にも見えているし、透けて向こう側が見えることもない。しかし、ひとたびこれを被ると、(b) のように、マントに覆われている部分だけが透明になり、向こう側の景色が見えるが、マントに覆われている実体は存在しており、触ることもできる。

図 10.1　透明マントの機能を整理する

透明マントを被ると，被った本人の実体はあるが，外側からはその内側が見えなくなる。しかし，マントそのものは，透明でも何でもなく，外見上は通常のマントと変わらない。しかし，ひとたび，そのマントが何らかの物体に掛けられれば，瞬時にそのマント自身も見えなくなり，なかにある物体も見えなくなる。しかし，そのマントの中に居るものからは，外部の様子がつぶさに見て取れる。誠に不思議なマントである。マント自身がいくら透明になったとしても，これは中に包まれている実体がある限り，外部からはそのマントを通して少なくとも中味が見えてしまうであろう。

したがって，マントは，マントだけである場合と，自分が何ものかの物体に掛けられたことを，何らかの手段をもって検知しなければならない。つまりこれは，電源がONになり，マントが透明マントとして機能するきっかけであるが，このこと自身は，それほど難しくないように思われる。

では，検知できたとして，つぎはどうなればいいのだろうか。それには，図10.2に示したように，少なくとも２つの機能が必要となる。

ひとつは，ひとたび，マントが何らかの物体に被せられると，マントには瞬時にして光の透過特性に方向性が生じる，ということである。

つまり，マントの外側からやってくる光に対しては，その反射率が0%でその光を透過，又は吸収し，内側から外に出ようとする光は透過率0%，すなわち一切光を通さなくなる。つまり，光学的にいうと，完全黒体のようなものである。しかし，このままだと，このマントにあたった光は，外部から見ると，そのすべてが吸収されて真っ黒に見えてしまう。

真っ黒に見えるということは，そのマントの反対側には光が透過せず，したがって，そのマントの反対側には光の影ができてしまう，ということになる。しかも，それだけでは，向こう側が透けて見える透明マントにはならないであろう。

そこで，もうひとつ，図10.2の(b)に示したように，そのマントは，光の照射された側のその反対側で，その光路差を考慮した上で，今度はマントの反対側

(a)　マントが見えない条件

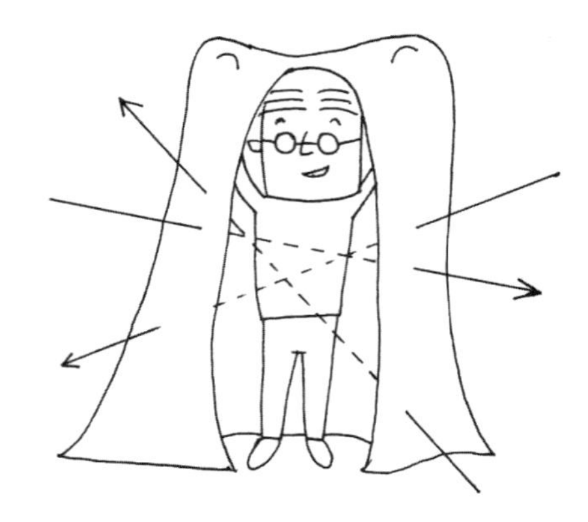

(b)　マントで包まれた全体が透明な条件

・マントそのものが見えない条件としては、(a) のように、マントに表側から照射された光が反射や散乱を起こさずにマントを透過し、なおかつ内側からの光は一切外側へは透過しないという、光の透過特性の一方向性が必要である。

・マントで包まれた全体が透明になる条件としては、(b) のように、マントの表側から照射された光が、その反対側のマントの表面から、伝搬方向を変えずにそのまま放射されなければならない。

図 10.2　透明マントが満たさねばならない基本特性

の表面から，面として，それと寸分違わぬ光を再放射する機能を備えていなければならない。

ここで，マントの中には何かしら物体が存在するわけだから，それをワープして，なおかつその光だけを表側に透過させてやる，などということは無理だろうと思われるかもしれない。

しかしこれは，マントの表側が高解像度の光センサーになっており，そのセンサーが，次に示す光の照射様態をセンスし，それを瞬時に，光路差等のシフト演算をして，反対側の表面から放射してやればよいのである。

10.1.2　透明マントを実現する

さて，透明マントの実現構想を図10.3に示す。マントの表側に光センサーを配置するとして，このときに，この光センサーが，外からやってくる光をすべて吸収してしまうと，中に居る人間は外からやってくる光が無くなってしまい，何も見えなくなってしまうので，内側に対しては表側の各点に照射された光を，そのまま内側にモニター放射し，更にその光が照射された側と反対側の表側からは，先に述べたように，照射された光をセンスした側と，それを反対側の表面から再放射する面との空間的な光路差を演算し，それを二次モニター

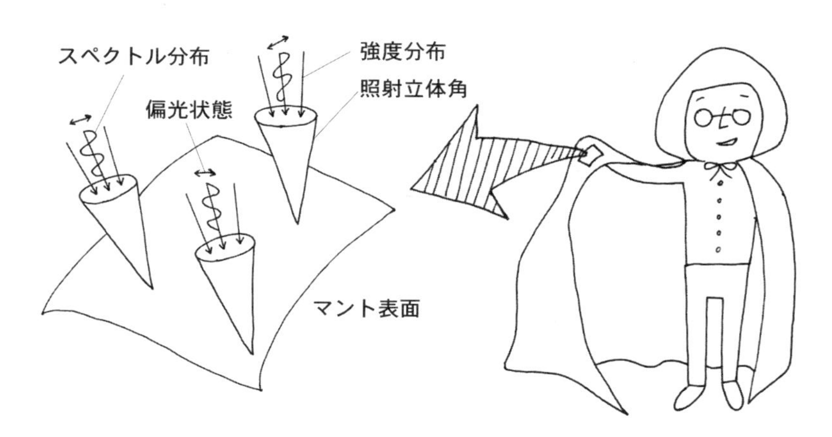

・マント表面の各点における照射光の状態が、特殊な光センサーによって 3D 画像データとして捕捉され、それがマント内部の光路差によって補正されて反対側のマント表面から放射されるようにする。

・照射光の状態は、マントの各点における、照射立体角、照射立体角内の強度分布、スペクトル分布、偏光状態として取得されねばならない。

・透明に見せる対象が人間だけの場合には、偏光状態のデータはなくても良く、スペクトル分布も RGB の 3 刺激値で十分だろうし、照射立体角とその強度分布も、ある程度狭めても良い。

図 10.3　透明マントの 3D 画像処理機能

光として放射してやればよい。簡単には，内側にモニターで放射する光をそのまま反対側から放射してもよいが，その場合はマントで遮られた空間がそのままキャンセルされて，よく見るとその部分だけ奥まった景色になるだろう。

すなわち，光の照射された側の表側で，その照射光の各点における照射立体角とその強度分布の様子，並びに，照射された光がどのようなスペクトル分布をもっているか，というデータが捕捉できればよいが，これを各点の総体値としてではなく，あくまでも表側の各点で，照射立体角内のあらゆる方向からの光に対して測定できれば，全方位的に完璧な透明マントができるであろう。

ここまでで，光の変化要素のうち，人間の目に認識される３つの変化量，伝搬方向と振幅，波長が網羅される。完璧を期すなら，光の振動方向，すなわち偏光の様子を，やはり波長と同様に，各点で光の照射されるあらゆる方向に対してセンスすればよい。

ただし，ハリー・ポッターに出てくる透明マントについては，「吸魂鬼（きゅうこんき，ディメンター，Dementor）は目で見ているわけではないので，効果がない」とダンブルドアが釘を刺している[3)]ことから，これと同じ仕様のマントで良ければ，波長帯域としては，せいぜい人間の目で見える可視光の帯域でよく，RGBの三刺激値で十分だろう。また，強度，すなわち振幅も，人間の感度範囲で事が足りる。ただ，偏光状態は必要ないかもしれないが，鏡や水面に対してはその反射率が偏光状態に依存するので，ある程度サポートする必要があるかもしれない。

ここで，気をつけねばならないことは，マントを被った足下には光の放射機能がないので，できる限り足下の近く，若しくはマントを袋球体状にして，マントを踏みながら，進行方向に回転させて移動すれば完璧である。

そんなことは，夢物語で，まさに魔法でも使わない限り無理だろうと思われるかもしれない。

しかし，人間の目で光をセンスして，これを少なくとも意識下で認識することのできる時間分解能は，高々50〜100ms程度である。一秒に15コマ位のぱらぱらアニメでも，十分に動いているように見える程度である。すなわち，上記で一番大変そうな，センスした光の要素のうち，光路差でその伝搬方向のシフト演算をするのは，照射立体角とその強度分布，もっと極論すると光の伝搬方向だけなので，そんなに大した計算量ではない上に，たとえ，光のセンスからそのモニター光を再放射するまでに多少の時間差があっても，人間には十分に滑らかに見え，光センサーやモニターが，マントのように十分フレキシブルなものが開発されれば，まさに透明マントを実用化することができるだろう。

都合のいいことに，光センサーは光エネルギーを電気エネルギーに変換する半導体だが，逆に，光センサーに電流を流してやれば光を発することができるので，これを利用して，人間の目には連続に見える程度の時分割で機能させてやれば，表面に配置した光センサーで，光の検知と放射の両方の機能を，人間の目には双方が同時に行われているように見せながら，実現することができるであろう。

つまり，表面に光センサーを張り巡らして，内側はその直接のモニター画像で外側を認識し，更に光をマント表面から再放射する光の様態にまで画像処理する時間さえ稼げれば，現段階の技術で，十分にこれは可能なことなのである。

10.2　照明規格と設計法

さて，透明マントのからくりについて議論してみたが，実は，マシンビジョン画像処理用途向けの照明設計では，この透明マントのように自在に光を繰れる技術が必要となってくるのである。何度もお話ししているが，機械の照明は人間の視覚で用いる，単に物体を明るくする照明ではないのである。ある意味では，透明マントより遥かに高度なことを，その照射光の４つの要素を繰ることによって実現しているのである。

透明マントは，それを認識するのが人間なので，ある意味，いくらでもごまかしが利くが，機械に対してはそうはいかない。

10.2.1　機械の照明を誰でも設計できるように

何度でもいうが，単に物体を明るくする照明は，機械の照明ではないのである。確かに，マシンビジョン画像処理用途向けの照明も，物体を明るく照らしていることに違いはない。しかし，機械にとっての本当の照明は，機械が抽出すべき特徴情報に対して，実際に照射する光をどのように最適化するかを考える，その最適化設計過程そのものなのである。

したがって，機械のための照明を規格化するには，これまで人間が親しんできた，いわゆる一般照明として明るくする道具，ハードウェアとしての規格ではなく，その最適化設計の方法論と原理に基盤を置いて規格化しなければならないのである。つまり，いくら，何千種類の照明を用意し，そのハードウェア規格を決めたところで，「では，どんな照明を，どのようにして使えばよいのか」ということが明らかになっていなければ，何の役にも立たないのである。

これを念頭に置いて，作成，制定されたのが，日本インダストリアルイメージング協会（JIIA:Japan Industrial Imaging Association）を通じて世界規格となった業界初の照明規格，JIIA LI-001-2013[4]なのである。

なにより，大事な原点は，透明マントの説明でも述べたように，物体が見えるということは，物体から光が放射されているということであり，その光エネルギーの元は，物体に一旦吸収された光エネルギーである，という事実である。

我々は，ともすれば，照射した光が物体にあたって跳ね返ってきて，それでものが見えていると考えてしまうが，まさにこれが，その最適化設計を妨げる元凶となっているのである。

10.2.2　マシンビジョンライティングの第一歩

それでは，その変化をどのようにして制御し，それをどのようにして目指す特徴点の光の変化として認識させるか，ということについて話しを進めてゆきたいと思う。

これまで，「物体光の明るさを制御する」という大きな括りのなかで話しを展開してきたが，「実際に，どのように制御するのか」というと，結局は，「光の４つの変化要素を，見たいものが見えるように，最適化する」ということになる。

このアプローチは，「照射した光が物体にあたって跳ね返ってきている」とする考え方からは生まれてこない。照射した光は，透明マントのように一旦物体に吸収され，次の瞬間，その物体が固有の光源となって光を放射しているのである。その際の光の変化に着目すれば，元の照射光のどの要素をどのように変化させれば所望の変化が得られるのか，ということが分かるのである。

「見たいものが，見えるように」とは，見たいものが，その他の部位に対して，「その光の変化の様子が，異なっているように」ということである。その異なっている光の変化量を，その他の部位の変化量に対して最大化するためには，その他の部位の光の変化量を最少化すればよい。それには，場合に応じていくつかの方法があり，「どのような光を，どのように照射したらよいか」ということを詰めていく過程が，機械のための照明の最適化設計過程なのである。そして，照明規格 JIIA LI-001-2013には，「この最適化設計過程そのものが，（マシンビジョン画像処理用途向けの）照明系の設計なのだ」ということが規定されているのである。

そこで，透明マントの表側のセンサーで取得しているのと同様の，光の４つの変化に着目し，その変化量を調整することが，マシンビジョンライティングの最適化手法なのである。

ところで，本書で考えた透明マントは，光に対する反応に方向性をもっているので，裏返しに被ると大変なことになりそうである。これに関しては別途検証することとしたい。

参考文献等

1) 増村茂樹: “マシンビジョンライティング実践編 - 画像処理 照明技術～マシンビジョン画像処理システムにおけるライティング技術の基礎と応用～”，日本インダストリアルイメージング協会，Nov.2013.（初出：“連載（第67-113回）最適化システムとしての照明とその応用（1-35）”，映像情報インダストリアル，Vol.41，No.10～Vol.45，No.8，産業開発機構，Oct.2009～Aug. 2013.）

2) 増村茂樹: “マシンビジョンライティング基礎編 - 画像処理 照明技術～マシンビジョン画像処理システムにおけるライティング技術の基礎と応用～”，pp. 75-78，日本インダストリアルイメージング協会，Jun.2007.（初出：“連載(第2回)　FA現場におけるライティングの重要性”，映像情報インダストリアル, vol.36, No.5, pp.34-35, 産業開発機構, May 2004.）

3) J.K.ローリング (著)，松岡 佑子 (翻訳): “ハリー・ポッターとアズカバンの囚人 (3)”，静山社，Jul. 2001,(原著：J.K. Rowling: “Harry Potter and the Prisoner of Azkaban”, Bloomsbury Pub Ltd, Feb. 2000.)

4) 照明規格：JIIA LI-001-2013 :“マシンビジョン・画像処理システム用照明 ―設計の基礎事項　と照射光の明るさに関する仕様”，日本インダストリアルイメージング協会(JIIA）, Apr. 2013.

11. 機械の本質と物体光の制御

2009年に公開された映画に「アバター（Avatar）注1」というのがある。ジェームズ・キャメロン（James Francis Cameron）監督によるアメリカとイギリスの合作映画で，世界での興行収入は歴代一位となった。ご覧になられた方はお分かりだろうが，アバターとは，或る惑星の衛星パンドラに住む生物と人間とのハイブリッド種で，いわば人造生命体である。このアバターは，個体としての意識はなく，特定の人間の意識体とその神経系をリンクさせることにより，生命体として機能できるようになっている。しかし，あくまでアバターは意識体の単なる乗り物であって，真実の生命体ではないとされる。アバターが眠りに就くと，そのアバターにいわば憑依していた意識体は元の人間の身体に戻り，その間，人間としての活動が可能となる。

そこで，アバターを人間の肉体，人間を精神世界の意識体に置き換えると，このアバターのシステムは，仏教の説く世界観と全く同じであることに気付く。更に驚くべきは，実はこのアバターという言葉は，サンスクリット語のavatāraを語源としており，仏教漢語の「権化」「化身」に対応する語であるということである。つまり，真の世界の存在が仮の人間界に現れる姿をアヴァターラと呼び，地上における生身の仏陀は，この仮の世に送りこまれたアバターだと解釈されている。

この映画では，まさにアバターがこの星の生命体を救う救世主となるが，その真の世界と仮の世界の価値観が半ば逆転しており，アバターの主は悪者にな

注1　2009年公開のアメリカとイギリスの合作映画。ジェームズ・キャメロン（James Francis Cameron）監督。日本では2011年に公開され，世界での興行収入は，歴代1位となる27億8800万ドル。アルファ・ケンタウリ系惑星ポリフェマス最大の衛星パンドラに住む先住民族ナヴィが，彼らがスカイ・ピープル（天空人ならず，実はこの星の資源開発を狙う地球人）と呼ぶ存在に操られるアバターとの間で繰り広げる，民族の存亡をかけた愛と葛藤の一大スペクタクル映画。

ってしまっている。これには，仏陀が末法の世と呼んだ，価値観の逆転した現代の様態と重なって，なんだか不思議な感じがしてしまう。

あの世の力に対して，自分たちでは手も足も出ないこの世の人間達が，たとえ仮の世であっても，自らの存在こそ，それがなにものにも替えがたく尊いものだと主張している。これはまるで，真実の世界の成り立ちに逆行する，悪しき唯物論のはかない主張を代弁しているようでもある。

生命が尊いのは，仏の分け御霊である魂が宿っているからである。その魂は，仏の属性である慈悲，これを愛といってもよいが，その愛を与えんとする念いを磨くために，あえてこの地上で切磋琢磨している存在だから尊いのである。つまり，３次元的な肉体そのものが尊いわけでない。たとえその身を挺しても，尊きもののために生きる姿が信仰者の真の姿であり，これは武士道を規範とした武士の生き様とも相重なるものであろう。

視覚機能は，「こころ」の機能であって，「こころ」のない機械に，その目で見たものを認識させるには，人間とは違う特別な仕掛けが必要なことを，今さらながら，思い知らされるのである。

ここでの視覚機能とは，当然，機械の視覚機能という意味である。つまり，機械にとっての視覚機能において，その中核をなしているのが照明技術である，と言っているのである。

普通に考えるとそんなことはあり得ないわけで，だからこそ機械の視覚機能を実現するための照明は，もはや通常の照明ではないということを，毎回，視点を変えてお話ししているのである。

その事実を腑に落とさない限り，機械の視覚のための照明を設計することはできない。それはまさに，これまで，照明関連のフィールドでたたき上げの仕事をなしてきた私自身が，確かにそう感じてきたことなのである。

11.1　機械の視覚と光の変化要素

さて，ここで，もう一度，なぜ物体光の明るさを制御する必要があるのかを，さらっておこう。

冒頭で紹介したアバターは，我々が，この３次元世界こそがすべてであると感じているその感性を根本から覆した上で，なおかつその３次元世界に限りない親しみと感謝を抱かせる作品である。しかし，それだけでは終わらない。実際に，３次元に在るものにとって，その存在をどれだけ愛おしんだとしても，それがまさに川の流れに浮かぶひとときの泡のごとく，とんでもなくはかない存在であることに気づかせてくれる。

そんな存在を，幾度も幾度も育み続けて流れてゆくこの世界に暮らしながら，それでも自らの永遠の魂の存在に気づけた人たちは，このうえなく幸福であろう。これこそが，信仰者の真の姿ではないだろうか。信仰なくしてこの世にのみすがって生きる人たちは，一体何を縁（よすが）としてこの世界を生きていこうというのだろうか。実に儚い人生であろう。そして，この作品は，実際に，この３次元を去った世界が実在するのだという，不思議なリアリティーを感じさせてくれる。

11.1.1 機械の視覚の本質

それでは，機械の視覚の本質を探ってみよう。

図11.1に，アバターと機械の視覚を対比させたものを示す。

図の(a)に示したごとく，この地上にあるアバターがものを見るとき，それは確かに自らの目でものを見，自らの知性でそれを認識しているように，感じるであろう。

しかし，実際には，アバターは単なるサイボーグのような肉の塊に過ぎず，その目が見たものは，このアバターとリンクしている意識体，すなわち，この作品の中では，人間の意識そのものがそれを認識しているのである。

このリンクが何らかの原因で切れてしまったり，若しくは，その意識体を地上にいるアバターと同化させている当の人間がそのリンク装置から出てしまうと，地上にいるアバターは，たとえその目に何かの情景が映っていたとして

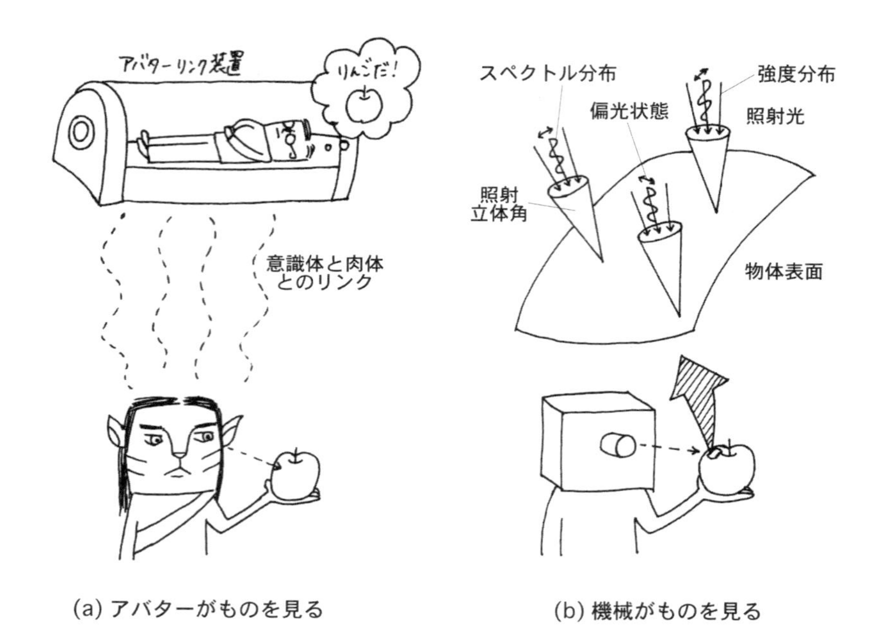

(a) アバターがものを見る　　(b) 機械がものを見る

・アバターがものを見るとき、確かにアバターの肉の目がそれを見、まるで自分自身がそれを認識しているように思ってしまうが、実際にアバターの見たものを認識しているのは、アバターリンクを用いてこのアバターを制御している人間の意識である。

・機械がものを見ようとすると、確かに機械の目であるカメラを通して画像データそのものは得ることができるが、機械はこの画像データを物理量の変化としてしか扱えないので、この物体光の変化を物体認識に結びつけるために、物体光を精密に制御する必要がある。

・物体光を制御するには、その元になっている物体に照射する光を、その４つの変化要素について最適化する必要がある。これが、マシンビジョンライティングの技術である。

図 11.1　アバターと機械はどのようにものを見るか

も，それは何の意味もなさず，まさに単に見えているだけになってしまうのである。

一方，機械がものを見る場合を考えてみよう。

図11.1の(b)に示したように，機械は，どんなに優秀なコンピュータを積んで

いようと，どんなに人間に似せた身体をもとうが，それはアバターと同じく，単に映像データを取得し，それを物理量の変化として解析することしかできない。

ここで，解析という言葉を使ったが，実は，人間が意志をもってコンピュータを駆使してこそ，その解析は成り立つが，コンピュータだけでは単なる物理量としての計算しかできないのである。

どんな計算をさせるかも重要ではあるが，その計算の結果を分析し，所望の物体認識と結びつけることができなければ，その機械は単にカメラでものを見てそれを記録しているに過ぎない。

では，その計算結果を，どのようにして物体認識と結びつけるかを考えれば，人間と同じような物体認識，いや，もっと高度な物体認識ができるのではないかと考えるのは尤もである。

しかし，機械が手にすることのできる物理量は，高次元世界から見ると，とんでもなく幼稚で価値判断の材料にはほど遠く，極めて乏しい情報しか含んでいないものなのである。

３次元の１つ上の４次元を考えても，３次元の物理量では時間というファクターがその中に埋め込まれてしまっていて，時間が縦横高さに加わると，いったいどのような価値判断ができるのかさえ，我々には分からない。

例えば，過去も現在も未来も，自分自身そのものなのである，などと言われても，３次元世界では過去の出来事はもう過ぎ去ったもので，やり直すこともできなければ消すこともできない。これが，仏教の奥義を使えば，反省行を通して実際に過去のできごとを修正することができるが，信仰をもたない人間には，そのまま地べたを這いつくばって時間を耐えることしかできないのである。

では，どうすればよいか。答えはただひとつ，機械の取得する画像データそのものを，機械がスタンド・アローンでものを見，認識するのに必要十分な情報に変換しておいてやらねばならない，というところに行き着くのである。

これに関しては，いや，そこをもう少し工夫すれば何とかなるのではないか，と考えてしまう方も多いであろう。

しかし，結局，機械は自分の意志として，何を見たいかということが分からないので，機械に見せる画像として，物体の「何を，どのように見るか」ということを，照明が決めてやらざるを得ない，ということなのである。

このようにいうと，いや，何をどのように見るかは，レンズとカメラが，そしてその得られた画像をどのように解析するかはコンピュータが決めているのであって，そうであるなら，照明はおとなしく，ただ均一に物体を照らしてくれさえすればそれでいい，と思われている方が少なからずおられるのではないだろうか。しかし，この議論は，本書で紹介したアバターの視覚機能を前提とする限り，それこそ儚い試みであるといってよいだろう。

11.1.2　照射光による物体光の制御

機械に見せる画像は物体光の様態がどのようになっているかで決まってしまうので，結局，その物体光の発生原因となっている照射光をどのような照射光にしてやるかということが，物体光の様態を決め，機械に見せる画像を制御することのできる，唯一の手段になる。

つまり，機械の視覚のための照明は，ただ漫然と物体を明るく照らしているだけでは，どうにもならない。そして，これが，マシンビジョンライティングの原点になっているのである。

図11.2に，物体を見るための視覚情報と，その物体に照射されている光，すなわち照射光の様態が，どのように関係しているかを示した[1)]。

人間の視覚情報としては，物体の形状や表面の風合い，どの部分がどの程度明るくて，どんな濃淡がでているか，また，それがどんな色合いをしているか，ということがあげられる。

しかし，実際には，これらはすべて心理量であって，どれひとつとっても，完璧に物理量で表現できる情報はないといってよいだろう。

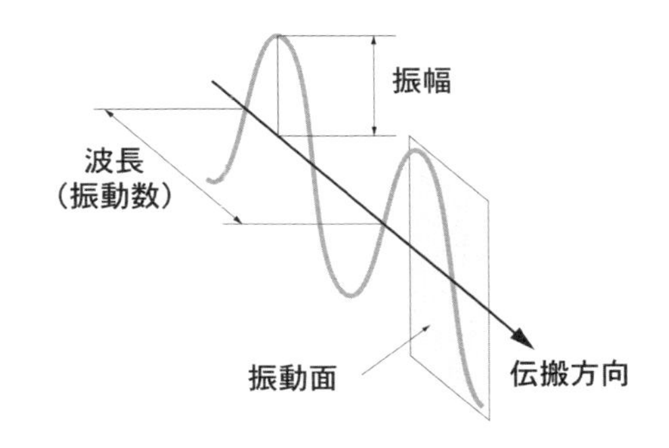

照射光の様態	光の変化要素	視覚情報
照射立体角	伝搬方向	形状・風合い
強度分布	振幅	明るさ・濃淡
スペクトル分布	振動数（波長）	色合い
偏光状態	振動方向（偏波面）	不可視

・物体光の様態を決定する照射光の物理量は、光の４つの変化要素に対応しており、これが物体光に変換されると、視覚情報としての物体の見え方に対応している。

図 11.2　視覚情報と照射光の様態、及び光の変化要素との対応

この世的に見ると，この視覚情報は，皆，この世を去った評価尺度としての心理量ではあるが，あまりにも身近に感じているので，(a)のアバターのように，どうにでもなる感覚だと思ってしまうが，実はそうではないのである。

図11.2で，視覚情報の最初に挙がっている，物体の形状や風合いは，照射光の様態の，主にその照射立体角が大きく影響している。

照射立体角とは，図11.1に示したように，物体の各点に対して，どのような範囲から光が照射されているか，という尺度である。つまり，どちらからどの程度の角度範囲で光が照射されているかによって，物体光の明るさや濃淡に変化が生じる。この物体光の変化が，物体の形状や風合いを認識するための拠り

所となっているのである。

そして，これに深く関わっているのが，光の変化要素のうちの伝搬方向であり，光が，一定の方向に伝搬していく電磁波であることにより，これが物体との作用の中で，物体の形状や風合いを認識するための，最も重要な変化要素なのである。

次に，明るさやその濃淡プロファイルがあるが，これは，先に紹介した物体表面の各点への照射立体角中に，どのような強さの光が分布しているかという強度分布で決まっており，光の変化要素の中では振幅の変化が最も大きく影響している。

また，視覚情報としては色が最も重要な情報のようにも思えるが，これは物理量としてはどの波長の光がどのように分布して照射されているかというスペクトル分布で表され，光の変化要素としては波長が挙げられる。

そして最後の，物理量における偏光状態であるが，これはその光の電場の振動方向がどの方向に偏っているかという尺度であり，光の４つの変化要素のうちの１つなので，変化そのものとしては存在もするし，他の変化要素と同じ重みをもつものであるが，人間の視覚情報としてはこの変化を認識することはできない。

結局，物体に照射された光は，その４つの変化要素それぞれが，その物体のもつ光物性によって物体光の様々な変化となって変換され，視覚情報としてはその物体光の変化を見て，物体の認識をなしているのである。

よって，所望の物体光の濃淡プロファイルを得るには，その物体の光物性を考慮しながら，照射光の様態を決める４つの要素をそれぞれ最適化し，結果的に，その物体光の明るさを制御するしかないということになる。

11.2　物体光の明るさの最適化

物体光の明るさの制御に関しては，第12章より，光の変化要素ひとつひとつについて解説を加えるが，そのどれもが，直接，機械の視覚機能に結びついている。なぜなら，機械は光の変化量を見ることしかできないからである。

結局，機械が「こころ」をもち得ない以上，「こころ」の機能と深い関係をもっている視覚機能を機械にもたせるためには，人間のように得られた画像を解析するのではなく，既に決まっている画像の解析方法に対して，その解析に相応しい画像を入力する必要がある。そのために，特に照明系においては，いわゆる一般の照明とはその役割が大きく異なることから，マシンビジョン画像処理用途向け照明の設計という，特殊専門的な技術が必要になるということである。

つまり，マシンビジョン画像処理用途向け照明に，従来然とした「どのように照らして明るくするか」などという照明技術では，何の役にも立たないどころか，逆に足かせとなって，マシンビジョン市場全体の足を引っ張ってしまうことになる。

だから，私は，そのことが市場に受け入れられ，この照明設計の技術を各社が積極的に採用しはじめることは，マシンビジョン市場が飛躍的に続伸するための十分条件だと考えている。

11.2.1 最適化の原点

それぞれのシステムで扱う対象の光物性を突き詰め，その因果関係を明らかにし，抽出すべき特徴情報の本質を掴んだ上で照明系，及び撮像系の最適化設計を行うこと，そんなことは，一般の照明と同じ感覚で考えておられる方々には，「照明屋の仕事ではない」と思われるかもしれない。しかし，だからこそ，私は，マシンビジョン画像処理用途向けの照明に関する「照明のパラダイムシフト」の重要性を指摘したい。

この原稿の執筆時点では，現況として，ディープラーニング等の古くて新しい人工知能的アプローチに，再び人気が出てきているようである。確かに，近未来的で，魅力的な技術である。しかし，私は，ここで忘れてはならないことがあると思うのである。それは，人間の霊性である。

これまで，出来る限り，「こころ」や精神世界，はたまた非常に高いレベルでの認識機能，などという言葉で表現してきたが，人間の視覚機能はまさに霊的機能なのだと思う。

一般に，我々の日常生活において，目の色が変わったとか，人の目を見て話す，だとか言われているのは，目を通して人間の霊性，すなわち「こころ」の世界が開かれているからなのだと思う。図11.3に示すように，このようなことはごく日常の生活の中で我々が身近に感じ，例えば敏感な人などは，誰かに見られているだけでその視線を感じることのできる方も決して少なくない。

このように，人の目は，余りにも多くのことを語るが，機械の目であるカメラとレンズはどうだろうか。この機械の目を通して，あなたは機械の「こころ」が読めるだろうか。否である。もともと，見られるべき「こころ」が無い

・誰かに見つめられているという視線を感じることがあるが、これはどのような力によるものだろうか。

図 11.3　人の目にまつわる霊性の真実

のである。

最近はどこにでも監視カメラが設置してあるが，この監視カメラの目は無機質で，例えばスーパーで買い物をしていても，それが特段気になるということはあるまい。まことに不思議である。

11.2.2 視覚機能と霊性

欧米人は，先の大戦のあと，米国の偏向教育によって宗教心を抜かれた日本人が，恐くて仕方がないそうである。まるで，機械のように，常軌を逸する暴走をしたり，人間としては考えられないような行動に出たりするのではないか，と思われているからであろう。

彼らの行動規範，社会規範は，それほどに宗教的な精神によって支えられているのである。そして，これは異常なことではなく，日本人の方が異常なのである。その教育課程において宗教の基礎教育がない国は日本だけである。だから，どこの国にでも変な人は居て，猟奇的な事件が起こることもあるが，その犯人が日本人だとわかると，彼らは特殊な感情を抱くようである。

その宗教心を抜かれたといわれる日本人でも，身内が死ねば悲しいし，宗教的儀礼もほぼ例外なく営まれるのが普通だろう。死者に対する礼だろうか，しきたりや風習のためだろうか，世間体のためだろうか，このどれもが含まれているだろうが，我々日本人も故人を悼む気持ちは持ち合わせているようである。では，その気持ちはどこから来るのだろうか。生前にお世話になったからだろうか，これから会えないというと寂しくなるからだろうか。たまに，遺骨を，海にばらまいておしまい，などという話も聞くが，場合によってはそれは実に残念なことであろうと思う。

どんな宗教をもとうがそれは自由だろうが，図11.4に示すように，人は死んでも「こころ」は残る。少なくとも，肉体をもっていたときと同等の精神機能が存続するのだ，ということをどの宗教もその原点にもっているようである。だとしたら，当の本人がどれほど寂しい思いをするか。生きている間であって

・肉体から分離したこころの機能があるのだとしたら、肉体は滅びてもこころは残る。
・これは、この世は肉体を被った魂の修行場であるとする、仏教の多次元理論と同じで、われわれは、肉体という３次元存在であるが、その意志決定の主体は魂の側に有る。

図 11.4　肉体は死んでもこころの機能は残る

も，いじめや無視をされれば「こころ」が傷つくように，それは死んでからも全く同様に機能し，更に敏感になると言われている。

もしそうでなければ，元々「こころ」などという機能は必要ないし，人間が何年か必死に生きてきたその経験から得たものは，一体，何の意味があるというのだろうか。この世に生きたその１日１日が，単に，その場限りの刹那刹那の，まるで人工知能のように無感情な反応を繰り返すだけの日々なのだとしたら，一体，そのことにどんな意味があるというのだろうか。

私は，機械の視覚のための照明設計にこそ，霊性の復活が大切だと考えている。それは，結果的に見れば光の４つの変化要素を最適化することかもしれないし，抽出すべき特徴点の光物性を探究することかもしれない。それが，定量的な最適化設計をするということである。

しかし，その原点にあたるものは，機械に人間の視覚機能と同じような機能をもたせようと探求努力してきたその物理的な蓄積もあるだろうが，なにより，それを意味のあることとして取り組み，何時間も実験室にこもって実験し，なぜそうなるのかを明らかにする仕事がなされ続けてきたという事実である。「自分のアプローチは，間違っているのではないか」という声にならない嘲りと戦い，その仕事が継続されてこなければ，照明は照明と言うことで，それまでと同じように，従来然とした方法が採られていたことであろう。

「それが仕事だから」といってしまえば，それは戦後，盛んにいわれたエコノミックアニマルという，軽蔑を込めた宗教心をもたない日本人への蔑称と同じになってしまわないだろうか。仕事をする姿勢にも，その仕事そのものにも，単に物理的な仕事だけではなく，その仕事をするものの霊性が織り込まれていくのである。これを単に，唯物論的にだけ捉えてブラック企業なる言葉が安易に取りざたされているが，本来，この世における仕事の量や質，そして創業者等がその仕事に込めた念いや本来の価値は，霊的なる観点なくして論じることはできない。宗教抜きの現代の日本人には，それが見えていないのかもしれない。

仏教では，「縁起の理法」がその教えの中核を成している。「どのような種を蒔き，どのように育てるかによって，それぞれの人が手にする結果は異なってくる」というのが「縁起の理法」の教えである。これは，個人の努力の余地というものを明確に肯定する思想である。単なる運命論や宿命論，環境論などに縛られることなく，自らの自助努力によって開けていく運命を肯定する思想が，縁起の思想なのである。

照明の最適化設計には，「照明のパラダイムシフト」に基づく霊性が，厳然として機能している。といっても，行き当たりばったりで照明の最適化を行っているわけではない。そこには，霊性をベースにした智慧が働いており，決して行き当たりばったりの試行錯誤ではなく，「こころ」を研ぎ澄ますがごとくの分析眼がどうしても必要なのである。

それは丁度，仏教に，「同悲，同苦」という教えがあって，相手の身になって，同じように悲しみ，同じように苦しんではじめて，相手の気持ちがわかり，その苦しみから救うことができる，とあるように，機械のことを考えるときにも，これもまた同じなのかもしれない。

照明くらいなら，システムの設計者が適当に設定すればなんとかなるだろうという姿勢が，マシンビジョンシステム市場の拡大を妨げている。機械の視覚機能の中核を担う照明の最適化設計には，物体の光物性に着目して定量的にその最適化設計のできる専門の技術者が必要なのである。

光物性とは，特に本書では，光と物体との物理的相互作用のことであるが，この光物性には，物体存在の根源的なる秘密が込められているように思う。それは，この世界の成り立ちにも通じる根源仏の念いに通じるものである。

その意味では，この光物性にこそ，霊性の発見が必要とされているのではないだろうか。この光物性をベースにしたマシンビジョンライティングが，ものづくりの中核技術として立ち上がっていく確かな感覚が，私にはあるのである。

参考文献等

1) 増村茂樹: “マシンビジョンライティング基礎編 - 画像処理 照明技術～マシンビジョン画像処理システムにおけるライティング技術の基礎と応用～”， pp. 78-81， 日本インダストリアルイメージング協会， Jun.2007.（初出：“連載(第16回) ライティングにおけるLED照明の適合性”, 映像情報インダストリアル, vol.37, No.7, pp.86-87, 産業開発機構, Jul.2005.）

12.　伝搬方向と振幅による物体光制御

前章までで，物体光の概念として，物体光の分類を始め，その明るさや，照射光との関係，立体角要素等について，その基礎的な事項を解説した。

ここでは，それを制御という観点から，では「どのようにしたら，物体光の明るさを制御できるのか」ということについて，話を進めてゆきたい。

これより，光の４つの変化要素について，照射光と物体光との関係を明らかにしていくが，まず最初に，最も重要な光の伝搬方向の最適化について，次に光の振幅，すなわち明るさの最適化について考えてみよう。

12.1　伝搬方向による物体光制御

光の属性の１つとして伝搬方向があるが，物体に照射される照射光の伝搬方向と物体から放射される物体光の伝搬方向の関係がどのようになっているかを理解した上で，物体光の伝搬方向の変化をどのように最適化すればよいかを考える。

12.1.1　物体による伝搬方向の変化

それでは，まず，４つの光の変化要素のうちの伝搬方向について，その変化の様子を考えてみる。

図12.1に，物体との相互作用によって，物体に照射された光がどのように変化するかを示した。

まず，物体に光が照射されると，その電場と磁場の波の伝搬は，物体界面を経て場合によっては内部へと進行していく。このときの光の波は，既に真空中を伝搬する波ではなく，物質を構成する原子の格子構造や分子構造の中を伝搬していくことになるが，このときに光のエネルギーが物質を構成する分子や原

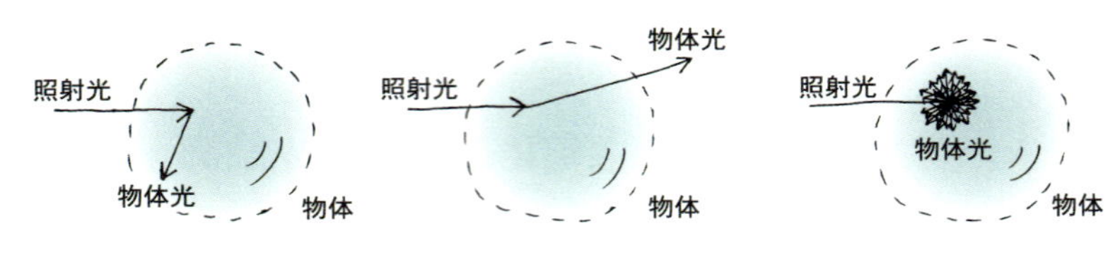

(a) 物体表面で反射　(b) 物体を透過　(c) 物体表面で散乱

・光が物体に出会うと、物体を構成する主に電子とのエネルギー交換により、物体光となって伝搬を続けるが、その伝搬形態は (a) の表面で反射するものと (b) の透過するもの、そして (c) のように照射光の伝搬方向に拘わらず、あらゆる方向に散乱するものに分かれる。

図 12.1　物体との相互作用による伝搬方向の変化

子，更にはその原子を構成する電子などとのエネルギーの交換が起こる。その過程で，その物質の光物性によって照射光の属性が変化し，それが物体光の属性に反映されて，物体に色がついたり，物体から物体光が発せられることにより，物体の存在やその形状等を認識することができている。

つまり，光は，物体に出会うと，原則，その光エネルギーが吸収された分，そのエネルギーの一部が物体光に変換されている。これが，光を物体に照射すると物体が明るくなって見える理由である。

普段，我々は，漫然と光に照らされて明るくなった物体をごく自然にその目で見ているので，このことを何の不思議もなく受け容れているが，では，「光を照射すると，なぜ物体が明るくなるのか」説明をしてみてくださいというと，ほとんどの人がそんな当たり前のこと，なぜ今さら？という顔をされる。

本書を最初から読み込んでこられた皆さんは既にお分かりかと思うが，これがマシンビジョンライティングの基礎になっているので，これがスラッと説明できないようでは，私のいう「照明に関するパラダイムシフト」ができていないということなので，もしそのように感じられたら，ぜひ本書をもう一度最初にから読み直していただけると幸いである。

図12.1の説明に戻ると，結局，光は物体に出会うと，反射光と透過光，及び

散乱光の３種類の物体光に変換されるということである[1)]。

ここで，留意していただきたいのは，見た目では，照射した光が反射したり，透過したり，散乱したりしているように見えるし，従来の光学分野でもそのように扱ってこれらを命名しているが，実際には，この反射光や透過光，散乱光は元の照射光ではなく，物体自身が放射している物体光になっている，という事実である。照射光は，そのためのエネルギーを供給しているに過ぎないのである。

光を透過する透明なガラスのようなものであっても，その媒質中を光が透過する際の光のスピードは，真空中のそれとは違い，一般に遅くなる。その速度の比が屈折率nであり，式（12.1）のように，真空中の光速度cを，媒質中の光速度vで割った値で表される。

$$n = \frac{c}{v} \qquad (12.1)$$

つまり，その光の伝搬経路に物体が存在する限り，その透過光も，その物質の光物性によって再放射されている物体光である，と考えられる。

光と物質との相互作用の詳細については，後述することとする。

12.1.2　立体角要素と物体光の関係

では次に，図12.1において，物体の各点に対して照射される光の角度範囲を考慮し，これをそれぞれ照射立体角で表すと，図12.2に示すようになる。

図の(a)と(b)では，それぞれの点から発せられる物体光も，その光軸を中心として照射立体角と同じ角度範囲に広がって放射されるようになる。これを，ここでは物体光の放射立体角と呼ぶこととする。

一方，図の(c)に示すように，散乱光の放射状態は，照射立体角の光軸や形状

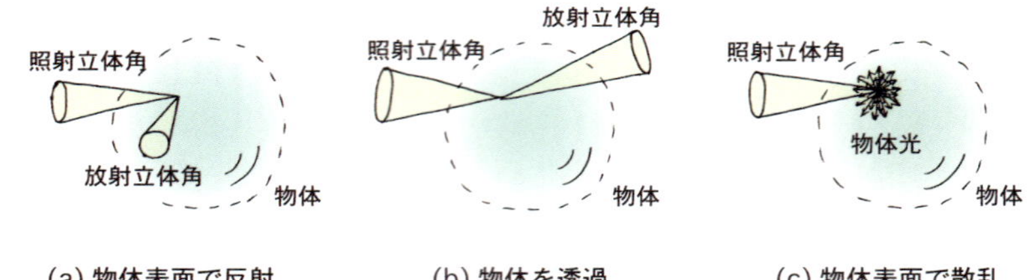

(a) 物体表面で反射　(b) 物体を透過　(c) 物体表面で散乱

・物体の各点に対する照射光を照射立体角で表示すると、立体角中に含まれる光はそれぞれ、反射、透過、散乱をし、(a) や (b) では照射点から再放射される物体光の立体角が照射立体角と同一の形状となり、その光軸がそれぞれ反射光軸や透過光軸と一致するように形成されるが、(c) の散乱光では照射光の光軸や照射立体角の形状に拘わらず、全方位に均等な散乱光の分布は変わらない。

図 12.2　照射立体角と物体光の放射立体角との関係

に依存しない。

一般的に，物体を見るためには，物体に焦点を合わせるであろう。これは，どういうことかというと，物体の各点から空間に発せられた光を，もう一度，像側に置いてそれぞれの点に集光するということなのである。すなわち，我々が物体を見るときには，物体の各点の明るさを見ているのである。

すなわち，物体の各点の明るさは，各点から放射された物体光が，或る範囲で捕捉されて，もう一度結像面に集められることによって決まっている。

一方，物体の各点から放射される物体光を，どのような角度範囲で捕捉できるかは，各点を頂点とする観察立体角で決められる。

つまり，この観察立体角内にどれくらいの光が放射されるか，すなわち，物体光の放射立体角と観察立体角との包含関係で，物体各点の明るさが決まり，ひいては物体がどの程度の明るさで，どんな濃淡プロファイルで見えるかということが決まっている[2)]。

この様子を，図12.3に示す。図の(b)は，物体光が散乱光の場合を示しており，散乱光は全方位に均等に再放射されているので，どちらから見ても同じ明るさに見える。しかも，この散乱光を発生させている照射光の照射角度を変化

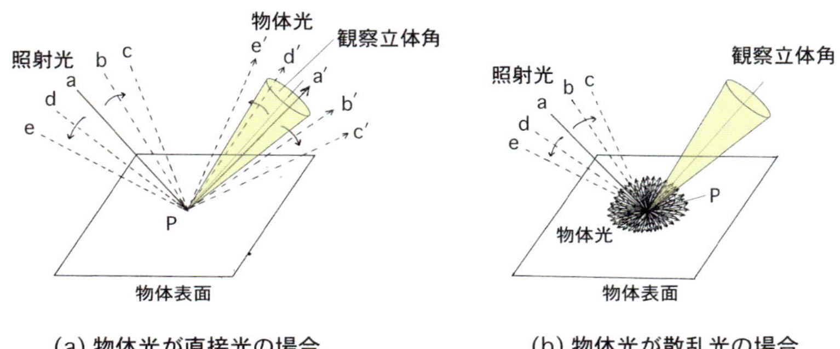

・(a) の物体光が直接光の場合、照射光の照射角度が変われば物体光の光軸の傾きも変わり、その変化が観察立体角内に包含されているか、若しくは観察立体角外での変化であれば、点Pの明るさは変化しないが、その変化が観察立体角の内側と外側にまたがっていれば、点Pの明るさは大きく変化する。

・(b) の物体光が散乱光の場合、照射光の照射角度が変わっても、照度さえ一定であれば、点Pの明るさは一切変化しない。

図 12.3　直接光と散乱光の照射角度依存性

させても，点P近傍の照度さえ変わらなければ，散乱光の再放射状態はその強度も含めて，一切変わらない。したがって，図の観察立体角中の光にも変化がなく，点Pの明るさも変化しないということになる。

しかし，図の(a)に示した，物体光が直接光の場合は，照射光の照射角度を変化させれば，物体光が放射される角度も変化し，その変化が観察立体角の内側と外側に跨がっていれば，観察立体角中に捕捉される光に変化が生じ，点Pの明るさも大きく変化する。しかし，物体光の放射角度変化が観察立体角中に完全に包含されているか，若しくは全く観察立体角外で変化している場合には，点Pの明るさは，明るいか真っ暗かの違いはあるが，その変化を反映することはない。

そこで，物体光の明るさを制御する上で，やはりなにより大切なファクターが，「光の伝搬方向を，どのように最適化するか」なのである。

結局，照射光がどんな角度範囲で照射され，それに対して物体光の立体角がどのように形成されるかを知り，照射立体角と放射立体角，及び観察立体角との包含関係である立体角要素を最適化することが，マシンビジョンライティングの設計においては，最も重要なことなのである。

この物体光の伝搬方向の変化は，照射光の伝搬方向と，もうひとつは主に，物体表面の傾きに依存している。しかし，物体光のうち，散乱光を観察すると，散乱光はあらゆる方向にほぼ均一に再放射されているので，物体光の伝搬方向に関する変化は捕捉されない。

したがって，物体光の伝搬方向に関する変化を最適化するにあたっては，簡単に考えると，まずは変化が見たくなければ散乱光を，変化が見たいなら直接光を観察する，という大きな方向性が存在することになる。前者が本書の第7章で解説した暗視野であり，後者が明視野である。

明視野・暗視野が照明法の基礎にあるのは，実は，伝搬方向の変化が見えるか見えないか，ということに依っていると考えてよいだろう。

12.2　振幅による物体光制御

照明を視覚機能として働かせるには，その照明によって物体の「何を，どのように見るか」をある程度の自由度をもって設定できるだけの制御性が必要である。要は，着目する特徴情報のS/Nを制御できなければ，これを実現することは難しい。

マシンビジョンライティングは，単に物体を明るく照らすのではなく，光の４つの変化要素がそれぞれ独立な変数であることに着目し，この変化要素ごとに最適化を図っていくための技術なのである。

光は，電場と磁場の振動によって伝搬する電磁波（electromagnetic wave）である。

物体光の明るさは，この電磁波の変化要素が変化することによって変動する。

電磁波の変化要素は，伝搬方向，振幅，振動数，振動方向の４つであるが，ここでは，振幅の変化によって，物体光の明るさがどのように変化するのかを考える。

12.2.1　光のエネルギーと明るさ

量子力学では，光のエネルギーEは，第5章で説明した式（5.1）で表される。

$$E = nh\nu \quad (5.1)$$

n：量子数

h：プランク定数

ν：振動数

この式の意味するところは，光のエネルギーEはその振動数νで決まっているが，量子数nによって，飛び飛びの値しか取り得ないということである[3)]。ここで，hはプランク定数である。

この光エネルギーが，すなわち光の明るさなのであろうか。答えは，諾でもあり，否でもある。特に，この光が物体に照射された場合の，その明るさということになると，その明るさはそんなに単純には扱えない。

光を量子力学的に扱うと，そのエネルギー単位を光量子（こうりょうし light quantum）と呼び，それが光の最小単位，つまり粒であるという意味で，光子（photon）と呼ぶが，まさに光が粒として振る舞っている姿が浮かび上がってくる。

すなわち，振動数nが高いほど，つまり波長λが小さいほど，光子１個のエネルギーは増し，それが何個集まるかで光全体のエネルギー総量が決まることになる。この様子は，6章の図6.1に示されているので，参照されたい。

光は，波として伝搬するが，そのエネルギーは，光子1個（光量子）のエネルギーがn個集まったものとして作用する。したがって，波のエネルギーも連続ではなく，この1粒を単位とした飛び飛びのエネルギーしかとることができない。つまり，光は，波の性質をもって伝搬するが，物体と作用する時には，この一粒ごとにしか反応できないため，まさに粒として作用しているということである。

このことは，図12.4に示したように，物質に光を照射すると，物質の表面から電子が飛び出す光電効果（photoelectric　effect）の実験によって確かめることができる。

このときに物質から飛び出す電子は，光の照射によって飛び出す電子ということで光電子（こうでんし）（photoelectron）と呼ばれる。

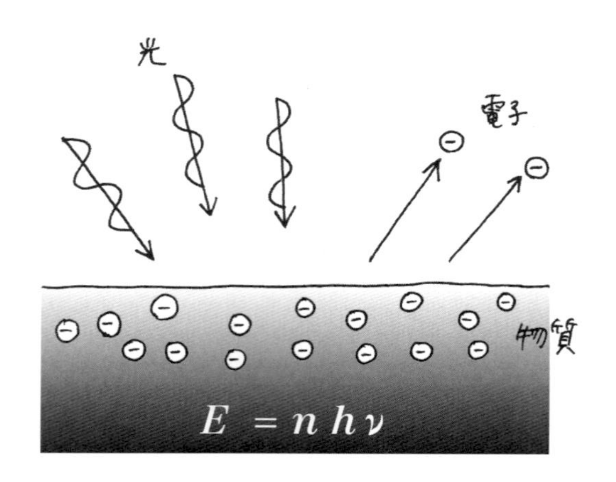

・物質に光を照射すると、ある一定以上の振動数の時のみ電子が放出され、振動数がそれ以下だとどんなに光量を増しても電子の放出は一切起こらない。

図 12.4　光エネルギーと光電効果

光電子は，物質に照射する光の振動数 ν が，ある一定以上の値の時だけ放出される。つまり，光 1 粒のエネルギーが一定以上でないと，光電子は発生しないのである。このときの振動数を限界振動数，若しくは限界波長と呼び，この値は物質ごとに決まっている。そして，照射する光の振動数がこの限界振動数より低いと，どんなに強い光を照射しても光電子は一切放出されない。

このことから，光は，波動全体のエネルギーではなく，光子 1 個単位のエネルギーでしか，その反応を示さないということがいえる。すなわち，光はエネルギーの連続体ではなく，粒々の光子からなっていると考えられるわけである。

ところで，この式には振幅は出てこないが，これは量子論的に表現した結果であり，一般に波のエネルギーは振幅の二乗に比例することが知られており，これが量子数，つまり光子の数に相当すると考えることができる。

つまり，光は，第6章の図6.1に示したように，その振動数 ν によって一意に決まるエネルギー $h\nu$ をもった光子が多数集まったものと考えられ，多く集まるほど，波として考えると振幅が大きくなるということに相当するわけである。光子 1 個 1 個の振動が重なり合って大きな波に見えているというわけである。

一方で，光の明るさは，これを感知するセンサーの感度特性によっても大きく左右される。つまり，そのセンサーにとっての明るさということであるが，一般にこの感度特性は波長依存性をもっていて，その波長ごとの感度特性を分光感度特性（spectral sensitivity characteristic）という。

この分光感度特性も，光電効果の実験と同じように，光が物質に作用する際には，その作用の度合いが光の振動数（波長），すなわち光子 1 個ずつの光エネルギーに依存しているということである。

結局，光の明るさを考えるときには，その明るさは量子力学的に光の振動数に依存する部分と，古典物理学的に振幅に依存する部分，すなわち光子の数という，少なくとも 2 つの要素を考えなければならない，ということになる。

12.2.2　光の振幅と明るさ

光の振幅は，量子論的に見ると，或るエネルギーをもった光子が何個あるか，ということに対応していると考えてよい。つまり，このことは，我々が，自らの目であれ，カメラの光センサーであれ，光を感知する場合には，そのカメラや目に対する明るさとして，その光センサーや網膜の視細胞と反応する光子の数で明るさを測っている，ということになる。ただ，その光子1個で感知する光の単位明るさは，その振動数によって，これを感知するセンサーや視細胞の分光感度特性との関係で決まっているのである。

ということは，光の伝搬方向であれ，振動数や振動方向の変化であれ，我々が光を感知してその明るさを測る場合には，必ず，この振幅の変化，すなわち光子の個数によってその明るさを捉えているということになる。

すなわち，明るさの原点にあるのがこの振幅であり，すべての光の変化量は，この振幅，すなわち光子の数に変換し，その変化を感知せざるを得ないのである。

つまり，我々の得ることのできる視覚情報は，そのすべてが，実はこの光の明暗情報に集約されているのである。

結局，光の明るさとは，「或る一定の伝搬方向の光子が何粒か」，若しくは「或る一定の振動数の光子が何粒か」，若しくは「或る一定の振動方向の光子が何粒か」という風に，光の変化をカテゴライズしたときの光の濃淡情報にほかならないのである。

この様子を図示すると，例えば伝搬方向の変化に関しては，図12.5のようになる。

図12.5は，点Pから発せられる光を，任意の伝搬方向の範囲，A，B，Cで捕捉した様子を示している。点Pが被写体上の別の点P′になったときに，例えばこの伝搬方向A，B，Cの範囲で捕捉される光の個数が変化し，その比率が変わったならば，点Pと点P′とでは，少なくとも観測している範囲に跨がって，

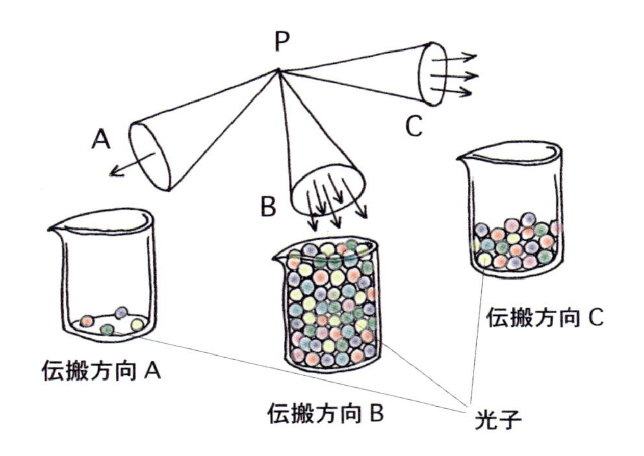

・点Ｐから、任意の方向範囲に向かう光を捕捉すると、それぞれの方向に、どの程度の光子が存在しているが分かり、点Ｐにおいてどのように伝搬方向が変化したかを、その光子の数で同定することができる。

図 12.5　伝搬方向による光の変化量の捕捉

光の伝搬方向の変化があったという判断が下せるのである。

これを振幅の変化として捉えるか，伝搬方向の変化として捉えるかは，実はその前提として，物体の何をどのように見るかという前提があり，例えば直接光の伝搬方向の変化としてその変化が現れているのか，又は物体の分光反射率の違いによってその変化が現れているのかを見極める必要がある。

マシンビジョンライティングにおいては，光の変化要素のひとつとして伝搬方向や振幅を考えるとき，図12.5で示した考え方に基づいて，その客観的，安定的な変化の捕捉方法を，目的とする特徴情報のS/Nを向上させる方向で最適化するよう，その照射光の仕様に遡って設計を進めていかなければならない。

参考文献等

1) 増村茂樹: “マシンビジョンライティング実践編 - 画像処理 照明技術～マシンビジョン画像処理システムにおけるライティング技術の基礎と応用～”, pp. 101-111, 日本インダストリアルイメージング協会, Nov.2013.（初出：“連載（第93回）最適化システムとしての照明とその応用（27）”, 映像情報インダストリアル, Vol.43, No.12, pp.81-87, 産業開発機構, Dec.2011.）

2) 増村茂樹: “マシンビジョンライティング応用編”, pp.33-36, 日本インダストリアルイメージング協会, Jul.2010.（初出：“連載（第38回）ライティングシステムの最適化設計（7）”, 映像情報インダストリアル, Vol.39, No.5, pp.66-67, 産業開発機構, May 2007.）

3) 増村茂樹: “マシンビジョンライティング基礎編 - 画像処理 照明技術～マシンビジョン画像処理システムにおけるライティング技術の基礎と応用～”, pp. 84-85, 日本インダストリアルイメージング協会, Jun.2007.（初出：“連載(第3回) 光による物体認識について”, 映像情報インダストリアル,vol.36, No. 6, pp.106-107, 産業開発機構, Jun.2004.）

13.　波長と振動方向による物体光制御

光の変化要素のうち，最も理解しづらいのが波長と振動方向である。しかし，一般的には，波長といえば色，振動方向といえば偏光，という風にどちらかというと簡単に考えられていることが多い。しかし，波長と色の関係だけを考えても，とても一筋縄ではいかないし，振動方向に到っては，どんなときにどのように振動方向が変化するのかを，簡単な物理イメージで理解するのが難しい。本章では，このことをわきまえながら，できるだけその本質に焦点を当てて解説を試みることとする。

13.1　波長による物体光制御

一般的に，光の波長というと，「色」と関連しているという感覚が強い。確かに波長が変化すれば，人間の視覚でいえば，色が変化して見えることもある。しかし，それがすべてかというとそういうわけではない。人間の視覚では，色が変化しない波長の変化もあるし，その色の変化度合いも帯域によって様々である。

人間は，その目に見えるものすべてに色がついて見えるので，その色が物体本来のもので，それが本質であると思い込みがちであるが，決してそういうことではない。

13.1.1　色のあやまち

「色とは，光のスペクトル分布の変化である」というと，これには多くの例外が含まれてしまう。つまり，色の変化とスペクトル分布の変化は，1 対 1 に対応していないのである。実際，人間が同じ色に見えるスペクトル分布は無限に存在する。

ところが，我々の感覚では，少し大袈裟だが，色覚こそ視覚情報の中心をなしていて，これさえ認識することができれば視覚認識を制することができるのではないか，と考えられていた。

しかしながら，カラーカメラが誕生し，機械にも人間と同じ程度の色情報が与えられても，確かに当初，カラー画像処理が盛んに話題に上った時期もあるが，ではその後，格段に機械の画像認識の能力が上がったかというと，少なくとも私の知る限り，逆にその性能が低下したものの方が多いのである。

それは，なぜなのか。その原因は，カラー画像処理そのものにあるのではなく，実は「色」といいう尺度の捉え方に問題があったのだと思われる。

人間が客観量だと思っている「色」というのは，実は心理量であって，物理量ではないのである。機械は，基本的に物理量しか扱えないので，心理量である色をその評価尺度において正面切って処理しようとすると，定性的な表現ではあるがそこに無理が生じるのである。

皆さんは光の三原色がＲＧＢ（Red・Green・Blue）であることをご存じかも知れないが，では，色の三原色は，と問われると，詰まってしまわれる方がほとんどである。

光の三原色の方は，その法則に従う光そのものの色として光源色と呼ばれ，赤（Red），青（Blue），緑（Green）の３色で構成される。

一方，色の三原色の方は，物体色と呼ばれ，一般には，赤（Red），青（Blue），黄（Yellow）と答える方が多い。これは，日本だけかと思ったら，欧米諸国を含め世界的にその傾向がある。どうやら，言葉だけの問題ではないようである。

ちなみに，色の三原色は，正しくは，赤紫（Magenta），水色（Cyan），黄（Yellow）である。ただ，もう少し正しく表現すると，実は順番が少し異なって，CMY（Cyan・Magenta・Yellow）ということになる。これは，光の３原色のRGBに対応しているのだが，その理由は後述する。

最近でこそ，インクジェットプリンターが各家庭に普及しているので，その

光の三原色

R

B

G

光源色：加法混色

色の三原色

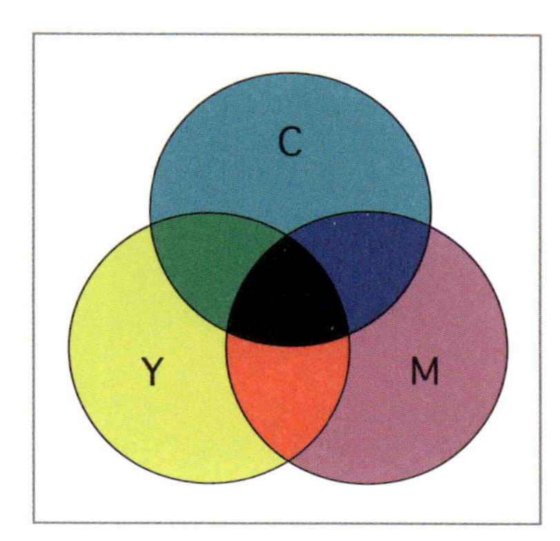

物体色：減法混色

図 13.1　光の三原色と色の三原色

インクすなわち色の三原色がCMYであることをご存じの方も多いが，学校の教育課程でこれを教えることがないためであろうか。この辺りの知識は欠如しているか，間違って覚えていることが多いようである。

この様子を図示すると，図13.1[1)]のようになるが，この図と色とを正確に理解されている方は，私がこれまでお会いしてきた画像処理関連の専門家であっても，極めて少数であった。裏を返せば，それほどまでに「色」という尺度は，我々人間の視覚における奥深い部分に位置するものと思われる。

「色」に関しては，図13.1の詳細説明も含め，後に順序立てて詳述することとし，ここでは，色が我々の客観的に扱える物理量ではなく，心理量，しかも「こころ」の奥深くの評価尺度と深い連携をもっているということを述べるに留めておく。

13.1.2　光の波長と明るさ

光の波長とその明るさとの関係には，既に述べたように２つの関係がある。ひとつは，光の一粒分のエネルギーがその振動数，すなわち波長によって一意に決まっているということ。もうひとつは，その光の一粒に対して光センサー側，すなわちこれを観察する側が，どんな分光感度特性をもっているかということである。

そして，このことを除けば，やはり，図13.2に示したように，ある波長帯域

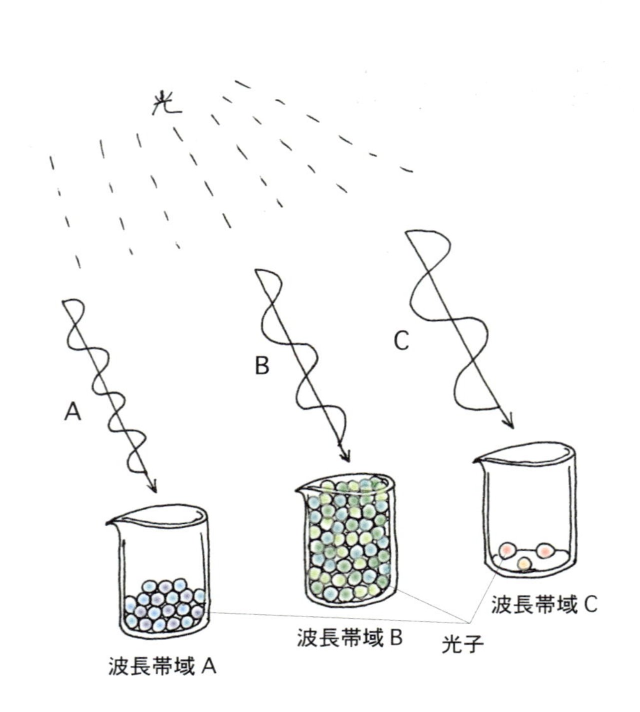

・任意の波長帯域 A、B、C に、どの程度の光子が存在しているかを測定すると、どの波長帯域にどの程度の光子が分布しているかが分かり、少なくともその波長帯域において、どのようにスペクトル分布が変化したかを、定量的に捕捉することができる。

図 13.2　波長による光の変化量の捕捉

における光の粒の数が，光の明るさに直接比例関係にあるといってよい。

図13.2では，光を任意の波長帯域ごとにカテゴライズし，それを光センサーで受けた様子を示しており，これはすなわち，その波長帯域ごとの光の粒を数えたことに相当する。

図では，各波長帯域をA，B，Cとしているが，これをそれぞれR，G，Bに割り当てて処理すると，カラーカメラになるわけである。

人間の視覚用途向けのカラーカメラは，このR，G，Bの各波長帯域を，人間の網膜上にあるL，M，S錐体細胞の感度領域に合わせてそれぞれの明るさを観察しているが，これは，人間がそれを見た時に，人間の目で直接見た場合とほぼ同様の色となるように，人間の色覚に合わせ込んである。人間が，「色」という心理量を用いて映像認識をする場合には，確かにこれでよいであろう。

しかし，機械で物体を見る場合にはどうだろうか。機械は「こころ」をもっておらず，心理量としての「色」による認識が人間と同じようには行えないのである。

結局，人間は，物体を見るときに，自分が認識しやすいように勝手に色を付けて見ているわけで，色の付いている物体を見てそれを判断しているわけではないのである。

であるなら，マシンビジョンシステムにおいては，その物体の画像を得るために，例えば人間の視覚機能でいうと，どんな色を付けて見てやるかを，そのシステムごとに最適化してやらねばならないのである。

これは，伝搬方向や振幅による分別処理と，その分別に対する考え方が全く同じなのである。

「カラーカメラを使えば，スペクトル分布の変化はすべて色に変換できるので，それを利用すればよいではないか」と考えている人も多いが，これでは，人間の色覚，視覚の考え方から何ら変わっておらず，「照明は，だからだまって物体を均一に照らしておればよいのだ」などということになってしまうのである。

しかし，例えばこれを伝搬方向の変化に当てはめると，特定の方向から見た時だけその変化が最大化され，そうでなければS/Nが下がってしまうか，場合によっては何の変化も見ることができないかもしれないのである。

色だけが特別なのではない。我々は，色が物体固有のものだと思い込んでしまっているが，色で認識するということは，実は，伝搬方向で考えると，どちらの方向から観察してやるか，ということと等価であり，これと同じだけの重みが発生するのである。

波長の違いによるセンサー側の感度特性にしても，人間のL，M，S錐体細胞の感度特性が，その物体の特徴情報を抽出するのに最適かといえば，決してそんなことはないのである。であるなら，その人間の感度特性を前提とした色の感覚から脱却し，その物体を見るのに最も最適な感度特性，若しくは波長帯域を最適化してやることは，機械の視覚にとっては当然のことなのである。これが，従来の照明という概念からのパラダイムシフトを図ったマシンビジョンライティングの考え方なのである。

つまり，物体光の明るさを決めている照射光の詳細仕様を，それぞれが独立変数である光の４つの変化要素ごとに，論理だって最適化していく仕事がマシンビジョンライティングの仕事なのである。

13.2　振動方向による物体光制御

照明を視覚機能として働かせるには，その照明によって物体の「何を，どのように見るか」をある程度の自由度をもって設定できるだけの制御性が必要であることは，既に述べた。そして，これまで，光の変化要素として伝搬方向，振幅，波長（振動数）の３つの要素を挙げ，その変化を制御するために基本となる考えを述べてきた。

ここでは，振動方向の変化によって，物体光の明るさがどのように変化するのかを考える。

13.2.1　光の振動方向と明るさ

既にお話をした伝搬方向や振幅，波長の３つに関しては，どれも眼に直接的に感じられるので理解できるが，光の振動方向などと言われても，我々はそんなものを感じたこともない，といわれるかもしれない。然り，そのとおりである。

図13.3に，振動方向による光の変化量の捕捉原理を示した。

これは，先に述べた，伝搬方向においては異なる方向範囲ごとに，振幅にお

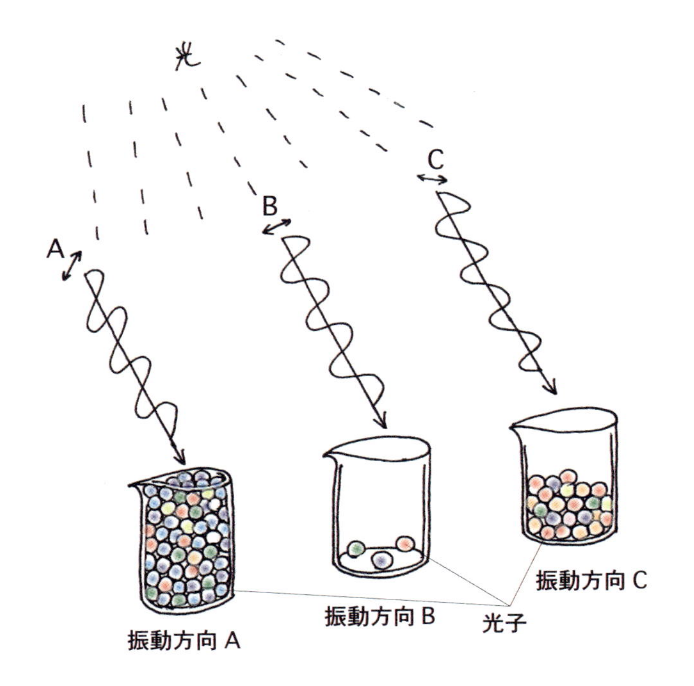

・任意の振動方向 A、B、C において、どの程度の光子が存在しているかを測定すると、どの振動方向にどの程度の光子が分布しているかが分かり、少なくともその振動方向範囲において、どのように振動方向向が変化したかを、定量的に捕捉することができる。

図 13.3　振動方向による光の変化量の捕捉

いては異なる振幅範囲ごとに，そして波長においては異なる波長範囲ごとに，どの程度の光子が存在しているかを調べたのと同様であって，どの振動方向にどの程度の光子が分布しているかを知れば，その振動方向の変化の様子を定量的に捕捉することができる。

それには，振動方向ごとに，その振動方向においてだけ光を感じるセンサーが必要となる。このことは，伝搬方向においても，振幅においても，波長においても同様であった。では，光の振動方向はどのようにしてフィルタリングすればよいのだろうか。

人間は，どちらの振動方向の光も同程度の明るさに感じるので，人間は振動方向の変化を感じることができないのである。

ここで，或る一定の振動方向のみの光を偏光（polarized light）という。

13.2.2　偏光子と検光子

さて，偏光はどのようにしてできるのだろうか。

一般には，太陽光などに見られるように，伝搬方向から見ると，その振動方向が伝搬方向に直行して360°あらゆる方向に振動している光で均等に構成されている。この様子を，図13.4[2)]に示す。

光は横波であり，伝搬方向に対して直行する面内で360°あらゆる方向への振動が可能なのである。

ところで，可視光帯域の光は，物体を構成する分子に含まれる電子とそのエネルギーを交換することができるが，電子の運動エネルギーに吸収された光は，その時点で無くなってしまう。

ここで，図13.5[3)]に示したように，或る一定の方向にしか振動しない電子をもつ板を考えると，この板に到達した光のうち，図の水平方向に振動する成分は，すべて板の自由電子にエネルギーを渡し，自らは消えて無くなるので，この板を透過してくる光は，図の垂直方向のみに振動している波の成分しかもち得ない。このような作用をする光学部品を偏光子（polarizer）という。つま

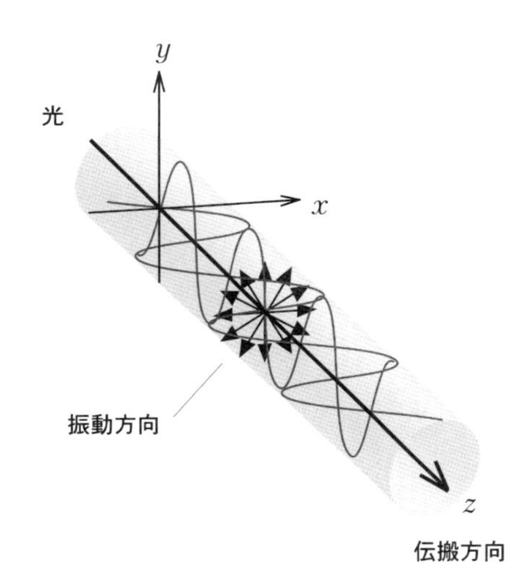

・光は電場と磁場が振動して伝搬する電磁波であるが、ここではその電場の振動方向を、伝搬方向zと直行するxy成分に分解して図示した。

図13.4 電磁波としての光の姿

り，図13.5に示した偏光子によって，これを透過する光は一定方向のみに振動する波となる。これを，直線偏光という。

更にこのようにして直線偏光を作り出し，これを物体に照射すると，その光物性により，物体光の偏光特性が決まってくる。

さて，それではこのようにして偏光を作り出し，これを物体に照射して，物体のもつ光物性により物体光の偏光特性の変化を捕捉するには，更に検光子（Analyzer）を用いて，その物体光がどのように変化したかを定量的に知ることができる。

ここで，検光子とは，偏光子と同じように，或る一定の方向にしか振動することのできない電子を豊富に含む板で，一般に偏光フィルター（polarizing

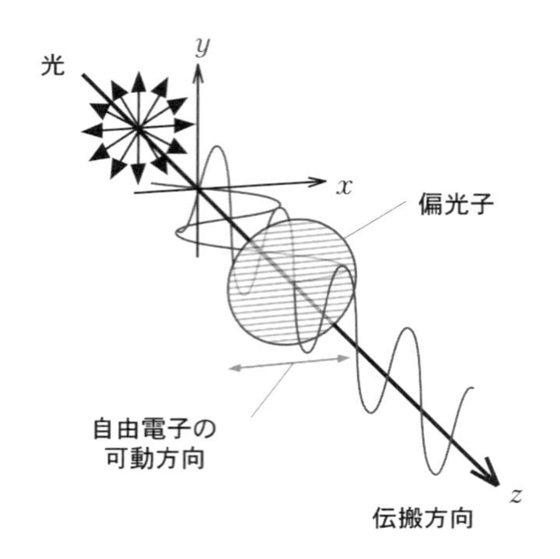

・自由電子の可動方向が x 軸方向のみの偏光子によって、光の x 軸方向の振動成分がすべてこの電子のエネルギーに吸収され、透過光は y 軸方向のみに振動する偏光となる。

図 13.5　偏光子による直線偏光の生成

filter）と呼ばれ，これを照射光側に使う場合を偏光子，観察光側に使うものを検光子というのである。

この様子を図13.6[3)]に示す。図中の θ を偏光子と検光子の透過容易軸の傾きとすると，マリュス(Malus)の法則により，検光子を透過してくる光の明るさは θ の関数となり，（13.1）式に表されるように濃淡が発生する。

$$I(\theta) = I_0 \cos^2 \theta \quad \text{(13.1)}$$

物体に照射した偏光の傾きは既知なので，物体から返される光がどの程度の明るさになっているかによって，その偏光の傾き変化を知ることができるわけである。

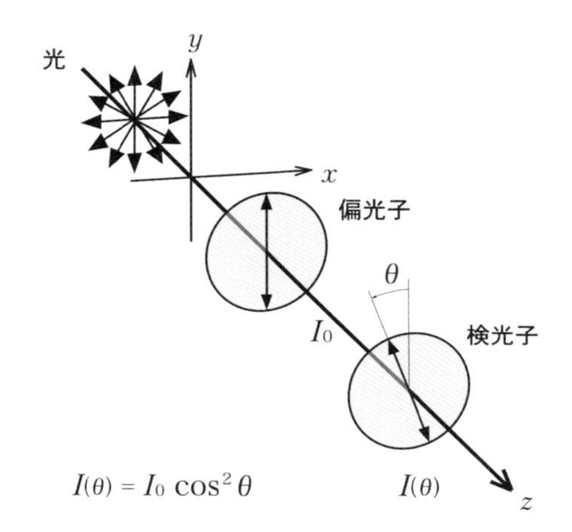

・偏光子によって偏光となった光は、その振動方向に対して透過容易軸がθだけ傾いた検光子により、その透過光の明るさはθの余弦の二乗に比例して暗くなる。

図 13.6 検光子による偏光の可視化

ここで，透過光はリニアに暗くなるのではなく，余弦の二乗に比例しているので，θが45°近辺までは徐々に暗くなり，45°を過ぎると今度は逆に急に暗くなり，90°すなわちクロスニコルの状態で最も暗くなる。

偏光子と検光子の間に被検物を置くと，偏光子で一定の方向に振動方向が揃った光が，被検物によって変化することになるが，その変化をどのように捉えるかで，検光子の傾き角を最適化することになる。

最適化に当たっては，マリュスの法則を念頭に置いておくことが肝要であり，更には，ここでも明視野と暗視野の使い分けが重要となってくることを注記しておきたい。

なぜなら，直接光は照射光の偏光状態に依存して被検物での変化を反映した偏光となるが，散乱光は照射光に偏光を照射しても非偏光となり，振動方向の変化を観察することができないからである。

参考文献等

1) 増村茂樹: “マシンビジョンライティング基礎編 - 画像処理 照明技術〜マシンビジョン画像処理システムにおけるライティング技術の基礎と応用〜”，pp. 89-92，図5.7，日本インダストリアルイメージング協会，Jun.2007.（初出：“連載(第4回) 色情報の本質と画像のキー要素,”，映像情報インダストリアル, vol.36, No.7, pp.58-59, 産業開発機構, Jul.2004.）

2) 増村茂樹: “マシンビジョンライティング基礎編 - 画像処理 照明技術〜マシンビジョン画像処理システムにおけるライティング技術の基礎と応用〜”，p. 212，図13.2，日本インダストリアルイメージング協会，Jun.2007.（初出：“連載(第26回) 反射・散乱による濃淡の最適化(10)”，映像情報インダストリアル, vol.38, No.6, pp.66-67, 産業開発機構, May 2006.）

3) 増村茂樹: “マシンビジョンライティング基礎編 - 画像処理 照明技術〜マシンビジョン画像処理システムにおけるライティング技術の基礎と応用〜”，pp. 220-224，図13.9，図13.10日本インダストリアルイメージング協会，Jun. 2007.（初出：“連載(第28回) 反射・散乱による濃淡の最適化(12)”, 映像情報インダストリアル, vol.38, No.8, pp.52-53, 産業開発機構, Jul.2006.）

14. 光物性の実相

視覚機能としての照明技術の勘所は，「目的とする特徴情報の光物性を如何にして炙り出すか」という点にある。人間なれば，照明で物体が明るくなってそれが眼に見えさえすればそれで一件落着なのだが，機械でそれを見つけるには，まさに機械仕掛けでそれが見えるようにしてやるしか方法はないのである。ここで機械仕掛けとは，いわゆるからくり人形のような仕組みである。その仕組みを細部に到るまですべて人間が作り上げてこそ，はじめて機械はその機能を忠実に，間違いなくトレースすることができるのである。

本章では，この照明技術の勘所にあたる「光物性を如何にして炙り出すか」ということについて，その枠組みを解説してみたいと思う。

14.1 光物性とは何か

ここでは，光物性（photo physics）という言葉を，文字通り，物質の光に対する物性，すなわち，その物質と光とがどのように相互に作用するか，という意味に使っているが，電磁波と物質との相互作用を扱うある特定の先端物理の研究分野のことも指す。そして，この言葉の２つの意味こそが，機械の視覚における照明設計の原点となっている。

14.1.1 照明設計の原点としての光物性

光と物質とが出会うと，そこでは不思議な現象が起こるのである。リチャード.P.ファインマン（Richard P. Feynman）は，その著書の中で，この様に語っている。「光がガラスで反射する話をしているとき，私は（その反射光が）ガラスの表面からだけ反射することにしておきますが，実はたった一枚のガラスでもこれがなかなか複雑な曲者で，その中には膨大な数の電子がうじゃうじゃ

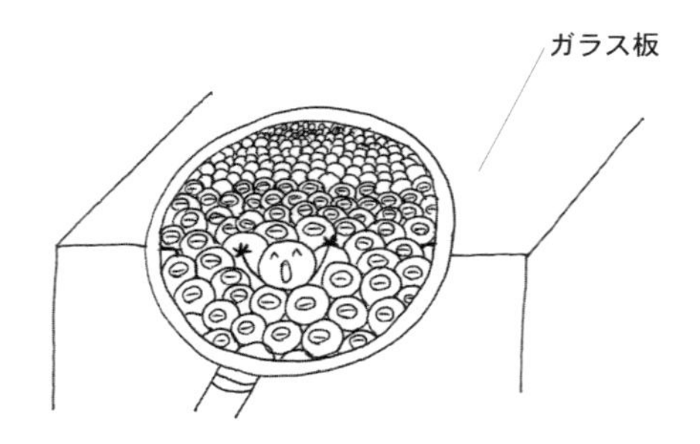

・物質は分子や原子から成っており、一枚のガラス板でも、その内部には膨大な数の電子がひしめき合っている。

図 14.1　ガラス板の量子電磁力学的視点

しているのです。光が当たると表面だけでなく，ガラス全体の電子と反応し合うことになります。ここで光子と電子はちょっとしたダンスをやるわけですが，これらをひっくるめた結果は，光子がガラスの表面だけに当たると単純に解釈した結果と全く同じになります。ですから今は表面からだけ反射すると単純化しておき，後でガラス内部で起きる現象をお話しし，なぜ同じ結果になるのかわかるようにしたいと思います。[1)]」

彼は，光と物質との相互作用を，光子というエネルギー量子と物質を構成する電子との相互作用として，光と物質の相互作用の量子論，一般には「量子電磁力学」などという恐ろしげな名前で呼ばれている理論（彼自身がこのように紹介している）で，見事にそれを説明したのである。

すなわち，光は波のようでもあり，粒のようでもあるが，その実体はわからず，それは物質を構成する主に電子との相互作用（彼は，これを光子と電子のダンスと呼んでいる。）によって，物質から返される光の様態が決まるということなのである。

では，この物質から返される光の様態を捕捉すれば，その物質がどのような

・光が物質に照射されると、物質内の電子とちょっとした
　ダンスが繰り広げられる。

図 14.2　光物性を創る光子と電子のダンス

物質であるかを知ることができる。そこで，光物性というと，狭義には，電磁波，つまり光を照射した際の物性，及び光の変化について研究する分野を指す，ということを思い出していただきたい。この双方の意味が，マシンビジョンライティングにおける照明設計の原点として，あまりにもしっくりと一致するのである。

マシンビジョンライティングとは，単に物体に光を照射して物体を明るくする道具ではなく，まさに，抽出すべき特徴情報における光物性の変化を見いだし，その変化を光の変化として発現させるための技術なのである。その意味で，光物性という言葉の意味は，そっくりそのままマシンビジョンライティングの手法そのものといってよいであろう。

14.1.2　光物性の不思議

光物性の変化は，照射した光と物質を構成する電子との相互作用の変化そのものである。電子は，その物質の表面状態やその物質の分子構造，結晶構造などによって，その活性化が制限される。したがって，その物質の表面状態やその物質の分子構造，結晶構造などが変化すれば，その光物性も変化すると考えてよい。では，その光と物体との相互作用は，どのようにして起こっているのだろうか。

ここで，光物性などといっても，物体に照射した光が物体に当たって跳ね返ってくるだけなので，そんなに難しく考えなくてもいいだろうと思われる方もいるだろう。果たして，本当にそうだろうか。

では，図14.3に示すように，ファインマンが例として挙げているガラス表面による光の部分反射について考えてみよう。

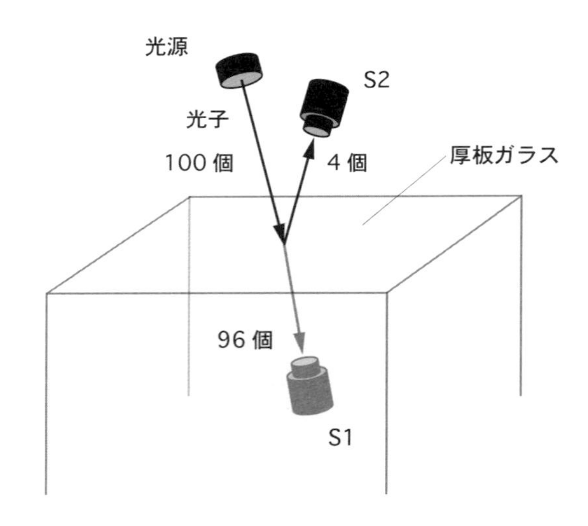

・厚板ガラスに光を照射すると、表面から反射される光は 4%で、透過する光は 96% となる。
・これを、光子 1 個ずつについて観察すると、100 個のうち 4 個は反射されるが、96 個は透過する。
・それぞれの光子は、自分が反射するのか透過するのかをいつ、どのようにして決めているのか。

図 14.3　部分反射を光子レベルで測定する実験

ガラスに光を照射して，ガラスから返される光がどの方向に返ってくるかを詳細に確かめるため，光子一個に対してカチッと音が出るように設定した光電子増倍管を２つ使用し，図14.3に示したように，光電子増倍管Ｓ１を透過方向に，Ｓ２を反射方向に設置して，光源から光子を一個ずつ発射する。

そして，その結果，Ｓ１とＳ２のどちらのセンサーが反応するかを確認すると，Ｓ１とＳ２は決して同時には反応しないが，光子を発射すると必ず，どちらかのセンサーがカチッと音を出す。それもそのはずで，この実験では，ガラス表面に照射された光は，透過するか反射するか，結果はその２通りしかないので，それはさすがにそのとおりになっているのである。

ところで，数を重ねると，Ｓ１で光を検知する回数とＳ２で光を検知する回数が或る比率に収束して来るが，光子一個一個にしてみると，自分が反射するか透過するかを，どの時点でどのように決めるのかが，現時点での物理学では説明することができないというのである。

日常ごく当たり前に起こっているこんなありふれた現象でも，実はこのメカニズムを説明することができないのである。

また，ここでは，わかりやすく反射や透過という言葉を使ったが，実際に反射し，又は透過してくるように見える光子は，既に元の光子ではなく，ガラスの中に存在する多数の電子とのエネルギー交換によって産み出された別の光子であるということにも留意しておく必要がある。

つまり，物体から返される反射光や透過光は，既に照射した光そのものではなく，別の光なのである。

14.1.3　光の転生輪廻

私は，光の伝搬を光の転生輪廻として紹介している[2)]。すなわち，照射光の光エネルギーも反射光や透過光の光エネルギーも，同じ光エネルギーではあるが，その光エネルギーを担っているもの，これを光子と呼んでいるが，それは別の光子なのである。

例えば，光の速さを思いっきり伸ばして考えて，光の通り道にロウソクが1本1本，直線上に並べてあるとする。一番手前のロウソクが点っていて，そのロウソクの長さが短くなって燃え尽きそうになると，そのロウソクの炎をその燃え尽きる瞬間に次のロウソクに移してやることとする。そうすると，次々にロウソクが燃え尽きていって，炎のエネルギーが移動していく。さて，この時の炎は元の炎と同じか否か。炎は炎でも，炎として燃えている燃料は，それぞれ違うロウソクの燃料である。

また，ロウソクとロウソクの間に，他の可燃物がある場合はどうだろうか，その可燃物が燃えることによって，その周りの他のロウソクに灯が点って，そこからまたロウソクの行列が続いていくとしたらどうだろうか。

また別の観点で，光は波でもある。波は，まさに電場と磁場を利用して波のエネルギーが伝わっていく現象である。例えば，地震も波のエネルギーが伝わって，広範囲に振動が伝わってくる。震源地で感じた地震と，遠く離れた地で微かに感じたその地震の揺れは，同じ地震だから同じものだろうか。

転生輪廻というのは仏教の言葉であるが，人間も又この炎や波のエネルギーと同じ，命が違う肉体に宿って連綿と受け継がれていく。果たして，過去世の自分と今の自分は，同じか否か。同じといえば同じ魂だが，過去の自分と今の自分は，似通ってはいてもどこか違う個性でもあろう。そして，そのように移ろいゆく時間もまた，その秘密の鍵を光が握っているという。かくも不思議な世界に，我々は生かされているのだ。

14.2　光の反射のメカニズム

視覚においては，結局，物体から返される光の明暗が，その情報のすべてである。では，物体から返される光の明るさはどのように決まっているのだろうか。これに対しては，既にその物体光を直接光と散乱光に分けて考えるという方針を提示しているが，ここでは，物体光の発生メカニズムについて，その本質を探ってみよう。

14.2.1 鏡による光の反射実験

さて，次に提示するのは，鏡の反射である。鏡の反射もよく知られた現象で，一般には，鏡に照射された光が鏡の表面で反射されて幾何光学的に跳ね返って来るという，いわばピンポン球が壁に当たって跳ね返って来るのと同じような物理イメージをもっている方が多いのではないだろうか。

しかし，この現象もまるで天動説と地動説の如く実際に起こっているメカニズムは，我々のもっているイメージとは大きく異なっている。

図14.4に，鏡に照射した光がどのように反射してくるかを確認するための実験構成を示す[3)]。

鏡に対して，光子を1個1個発射できる光源から光子を照射し，その正反射方向に光センサーS1を設置し，正反射方向ではない方向に光センサーS2を設置してある。

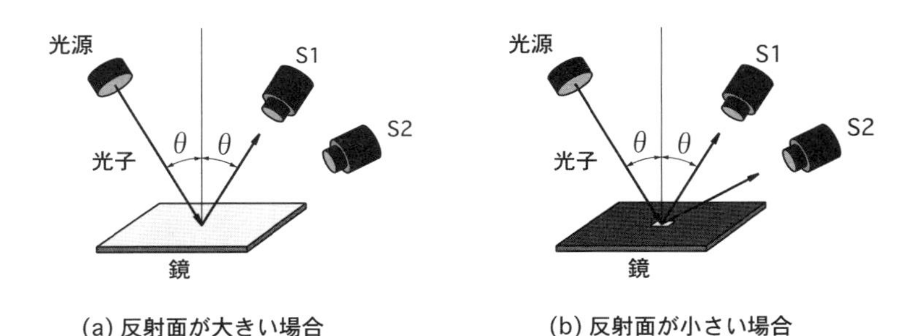

(a) 反射面が大きい場合　　(b) 反射面が小さい場合

・鏡に対して、光子を1個1個発射できる光源から光子を照射し、その正反射方向に光センサー S1 を設置し、正反射方向ではない方向に光センサー S2 を設置する。
・(a) の反射面の大きな鏡では、光源から鏡面に光子を照射すると、正反射方向に設置した光センサー S1 のみが反応し、S2 では光子を検出することはできない。
・(b) の反射面の十分小さな鏡では、光源から鏡面に光子を照射すると、正反射方向に設置した光センサー S1 だけでなく、S2 でも光子を検出できるようになる。

図 14.4　鏡面反射における光子の振る舞い

(a)の反射面の大きな鏡に対して，光源から光子を照射すると，正反射方向に設置した光センサーS1のみが反応し，S2では光子を検出することはできない。

これは当然のことで，鏡面反射においては，その照射角と反射角が等しくなるように光が反射するからである。もちろん，光源から照射された光子は，鏡面上のある1点から跳ね返ってくることになる。したがって，この光を反射している1点以外の鏡面は，この反射の現象には一切関与していないはずである。

そこで，この光を反射している点を特定すべく，鏡の周囲を遮光し，その開口部を徐々に狭めていくとどうなるか。或るところまで狭めると，それまで一切反応することのなかった光センサーS2が反応するようになるのである。光センサーS1とS2は決して同時に光子を検出することはないが，どちらの光センサーでも光子を検出できるようになる。これが，図の(b)の状態である。

しかも，一旦，このように開口部を狭めると，その開口部を鏡面上のどこへ移動させても，光センサーS1，S2は，同様に光子を検知するようになる。誠に不思議な現象だが，これは現実なのである。

14.2.2　鏡面反射のメカニズム

図14.4に示した実験結果からいえることは，実は，図の(a)に示したように，一見，鏡の1点で反射しているように見える光も，実際は鏡全体を使って反射しているという事実である。これを利用したのが回折格子で，特定の波長の光を，特定の角度で強めて取り出すことができる。鏡のそれぞれの場所で，そこで跳ね返って来る確率が光子のもつエネルギーで決まっているからである。

光子のエネルギーはその振動数，すなわち波長で一意に決まっているので，或る間隔で鏡面部を削り取ったものが回折格子となって，回折格子全体で，或る方向に対する特定の波長の光を強め合って，照射した光を分光反射することができるようになるのである。

鏡に照射された光が，鏡のすべての面を使って反射しているという事実は，我々がもっている物理イメージと異なってはいるが，ファインマンのいう，「光はその物質を構成するすべての電子をざわつかせ，まるでダンスをするがごとにその光物性を形成している」という比喩は，光物性をベースにしてマシンビジョンライティングの最適化設計をしていくに当たって，大いに役立つこととなる。なぜなら，マシンビジョンライティングの最適化設計は，様々な光物性の物理イメージを構築するところから始まるからなのである。

本章で紹介した光と物質との相互作用は，光物性の実相の一側面に過ぎないが，この事実は，この世に生きている我々が，物質世界こそすべてだと思っている唯物的世界観を打ち崩すに十分な力をもっているのではないだろうか。

光と物質との相互作用は，物質で出来ている我々の体も例外ではない。この世に存在するすべてのものが光からできており，物質としてこの３次元世界に姿を現した光エネルギーが，我々人間を含む３次元世界のすべてを支えている。

そんな中で，この鏡面反射も起こっており，すべては光の乱舞する世界の中で，それでも大いなる秩序をもってこの世界の存在が許されている。唯物的世界観では，すべてが偶然の産物であると考えられているが，果たして本当にそうであろうか。

３次元世界で光と認識される電磁波は姿なき存在ではあるが，３次元に存在している限りは，恐らく時間を内包した存在であると思われる。その光の変化を捉えて視覚情報とし，これをもって３次元に姿を現したもの達を認識できる視覚機能に到っては，これも光エネルギーに支えられている機能ではあろうが，それはもう，我々がこの世を認識する普通の意味における物理学の範囲を越えざるを得ない，というファインマン先生の言葉を想起させる。

参考文献等

1) リチャード・P・ファインマン, 釜江常好, 大貫昌子 訳: “光と物質のふしぎな理論－私の量子電磁力学”, p.22-23, 岩波書店, Jun.1987.（原典：Richard P. Feynman QED：The Strange Theory of Light and Matter Quantum Electrodynamics, Princeton University Press, New Jersey, 1985）

2) 増村茂樹: “マシンビジョンライティング応用編”, pp.47-48, 日本インダストリアルイメージング協会, Jul.2010.（初出：“連載“（第41回）ライティングシステムの最適化設計（10）”, 映像情報インダストリアル, Vol.39, No.8, pp.80-81, 産業開発機構, Aug.2007.）

3) 増村茂樹: “マシンビジョンライティング基礎編 - 画像処理 照明技術～マシンビジョン画像処理システムにおけるライティング技術の基礎と応用～”, p.160-164, 日本インダストリアルイメージング協会, Jun.2007.（初出：“連載(第22回) 反射・散乱による濃淡の最適化(6)”, 映像情報インダストリアル, vol.38, No.1, pp.64-65, 産業開発機構, Jan.2006.）

おわりに

視覚機能の本質について，そして，人間のもてる視覚機能を機械で実現しようとしたときにどのようなアプローチをとればよいか，など，これまでその土台となる考え方を提示してきた。そして，これらは，一見，マシンビジョンシステムの構築とは何の関係も無いように見えて，実はその正反対で極めて重要で親密な関わりのある事項，又は，そのとおりに重要なキー技術のように見えて，その技術を応用するにはどのようにすればよいのかが早く知りたくなる事項など，恐らくは読者によって様々なご感想をもたれたことと思う。

しかし，それは決してもったいぶっているわけでも，出し渋っているわけでもない。単に，私自身が納得のできる形でお話しを進めて行くには，これまで解説してきた内容がどうしても必要な事項なのである。なぜなら，視覚機能は，人間のもてる「こころ」の機能であるからなのである。

では，その「こころ」とはなんなのか，ということになるであろう。それは，実は，肉をもってこの３次元世界に生きている我々には，説明のできないものなのである。いいや，そんなことはない，我々はすべてを脳で考え，制御し，生きているのであって，そうであるなら，この３次元存在としての脳の働きを解析し，分析すれば，すべてが分かるではないか，と思われている方も少なからずおられるであろう。では，ベンジャミン・リベットの発見[注1]に対して，その事実を明確に説明し切ることができるだろうか。誰か，頭のいい科学者がきっとこれを成し遂げてくれて，未来は人工知能で溢れんばかりの発展が待っている，などと思われている方が大半なのではないだろうか。人類は，既に実験室で人間を作り出そうと思えばできるレベルにある。しかし，それは電

注1　本書第８章の8.1.2　脳と意識を参照されたい。

子部品や機械部品を組み合わせたものではなく，人工孵化器に近いものかもしれない。いわば人造人間であるが，では，その人造人間が教育によって，通常の人間と同等の「こころ」をもち得るかどうかについては，ここにもまた大きな落とし穴が用意されているであろう。「こころ」は，実は，３次元的な物質から派生しているものではないのである。仏教では，既にその成り立ちが明らかにされ，「この世に生きる人間が何をなすべきなのか，どう生くべきなのか」という教えが極めて論理的に説かれている。私は，かつて，それが知りたくて出家したが，やがて機械で視覚機能を実現する仕事に出会い，その照明設計に取り組むこととなった。

筆者に対する，先の栄えあるVISION Awardの受賞に際しては，欧州のメディアに“Priest-turned-consultant Masumura[注2]”と評されたが，彼らは案外その本質を見抜いているのかもしれない。

去る2016年11月，筆者の照明技術が，ドイツのシュツットガルトで開催されたVISION 2016において，VISION Award 第一位を受賞した。この賞は，その時点で22回目を迎えたが，1996年の第１回目以降昨年に到るまで，照明技術がノミネートされたことはなかったので，照明技術としてはこれが世界初の受賞となる。

筆者は，これまで一貫して，このマシンビジョンライティングの啓蒙と標準化，及びその技術の確立に尽力してきた。それが，VISION Award の受賞で世界に認められ，まさに第一歩を踏み出したといえる。

筆者は，これが，マシンビジョンにおける新たなステージの幕開けとなることを信じている。

2017年1月吉日

注2 http://optics.org/news/7/11/15, "Unconventional illumination technique lands Vision Award 08 Nov 2016'Variable irradiation solid angle' (VISA) method overturns conventional wisdom in machine vision applications.

初出一覧

はじめに ― 本書に寄せて，― マシンビジョンライティングへの道：
“連載－視覚技術で，新しい未来を拓け！（第1回）照明が新しい未来を拓く”，映像情報インダストリアル，Vol.48，No.1，pp.72-78，産業開発機構，Jan. 2016.

はじめに ― 映像が「こころ」に与えるもの：
“連載－視覚技術で，新しい未来を拓け！（第12回）物体光の明るさを制御する（5）”, 映像情報インダストリアル, Vol.48, No.12, pp.86-92, 産業開発機構, Dec.2016.

はじめに ― 目に見えるものと見えないもの：
“連載－視覚技術で，新しい未来を拓け！（第13回）物体光の明るさを制御する（6）”, 映像情報インダストリアル，Vol.49，No.1，pp.58-63，産業開発機構, Jan.2017.

第1章　1.1, 1.2, 1.3：
“連載－視覚技術で，新しい未来を拓け！（第1回）照明が新しい未来を拓く”，映像情報インダストリアル，Vol.48，No.1，pp.72-78，産業開発機構，Jan. 2016.

コラム ①：
“連載－視覚技術で，新しい未来を拓け！（第2回）機械はどのようにものを見るか”，映像情報インダストリアル，Vol.48，No.2，pp.76-82，産業開発機構，Feb.2016.

第2章　2，2.1，2.2：
“連載－視覚技術で，新しい未来を拓け！（第2回）機械はどのようにものを見るか”，映像情報インダストリアル，Vol.48，No.2，pp.76-82，産業開発機構，Feb.2016.

コラム ②：

“連載–視覚技術で，新しい未来を拓け！（第3回）機械にどのようにものを見せるか”, 映像情報インダストリアル, Vol.48, No.3, pp.108-113, 産業開発機構, Mar.2016.

第3章　3，3.1，3.2：

“連載–視覚技術で，新しい未来を拓け！（第3回）機械にどのようにものを見せるか”, 映像情報インダストリアル, Vol.48, No.3, pp.108-113, 産業開発機構, Mar.2016.

第4章　4，4.1，4.2：

“連載–視覚技術で，新しい未来を拓け！（第4回）物体の何をどのように見るか”, 映像情報インダストリアル，Vol.48，No.4，pp.100-106，産業開発機構, Apr.2016.

第5章　5，5.1，5.2：

“連載–視覚技術で，新しい未来を拓け！（第5回）物体光の分類と明るさ”, 映像情報インダストリアル，Vol.48，No.5，pp.73-79，産業開発機構，May 2016.

第6章　6，6.1，6.2：

“連載–視覚技術で，新しい未来を拓け！（第6回）明るさとはなにか”，映像情報インダストリアル, Vol.48, No.6, pp.92-100, 産業開発機構, Jun.2016.

第7章　7，7.1, 7.2：

“連載–視覚技術で，新しい未来を拓け！（第7回）物体光の明るさとその特性”, 映像情報インダストリアル, Vol.48, No.7, pp.76-82, 産業開発機構, Jul. 2016.

第8章　8.1, 8.2, 8.3：

“連載–視覚技術で，新しい未来を拓け！（第8回）物体光の明るさを制御する（1）”, 映像情報インダストリアル，Vol.48，No.8，pp.91-98，産業開発機構, Aug.2016.

コラム ③：

“連載–視覚技術で，新しい未来を拓け！（第9回）物体光の明るさを制御する（２）”, 映像情報インダストリアル, Vol.48, No.9, pp.72-78, 産業開発機構, Sep.2016.

第9章　9，9.1, 9.2：

“連載–視覚技術で，新しい未来を拓け！（第9回）物体光の明るさを制御する（２）”, 映像情報インダストリアル, Vol.48, No.9, pp.72-78, 産業開発機構, Sep.2016.

コラム ④：

“連載–視覚技術で，新しい未来を拓け！（第10回）物体光の明るさを制御する（3）”, 映像情報インダストリアル, Vol.48, No.10, pp.71-77, 産業開発機構, Oct.2016.

第10章　10，10.1，10.2,：

“連載–視覚技術で，新しい未来を拓け！（第10回）物体光の明るさを制御する（3）”, 映像情報インダストリアル, Vol.48, No.10, pp.71-77, 産業開発機構, Oct.2016.

第11章　11，11.1：

“連載–視覚技術で，新しい未来を拓け！（第11回）物体光の明るさを制御する（4）”, 映像情報インダストリアル, Vol.48, No.11, pp.75-83, 産業開発機構, Nov.2016.

第11章　11.2：

“連載–視覚技術で，新しい未来を拓け！（第13回）物体光の明るさを制御する（6）”, 映像情報インダストリアル, Vol.49, No.1, pp.58-63, 産業開発機構, Jan.2017.

第12章　12.1：

“連載–視覚技術で，新しい未来を拓け！（第11回）物体光の明るさを制御する（4）”, 映像情報インダストリアル, Vol.48, No.11, pp.75-83, 産業開発機構, Nov.2016.

第12章　12.2：

“連載–視覚技術で，新しい未来を拓け！（第12回）物体光の明るさを制御する（5）”, 映像情報インダストリアル, Vol.48, No.12, pp.86-92, 産業開発機構, Dec.2016.

第13章　13.1：

“連載–視覚技術で，新しい未来を拓け！（第12回）物体光の明るさを制御する（5）”, 映像情報インダストリアル, Vol.48, No.12, pp.86-92, 産業開発機構, Dec.2016.

第13章　13.2：

“連載–視覚技術で，新しい未来を拓け！（第13回）物体光の明るさを制御する（6）”, 映像情報インダストリアル，Vol.49，No.1，pp.58-63，産業開発機構, Jan.2017.

第14章　14，14.1, 14.2：

“連載–視覚技術で，新しい未来を拓け！（第14回）物体光の明るさを制御する（7）”, 映像情報インダストリアル，Vol.49，No.2，pp.70-75，産業開発機構, Feb.2017.

おわりに：

“連載–視覚技術で，新しい未来を拓け！（第14回）物体光の明るさを制御する（7）”, 映像情報インダストリアル，Vol.49，No.2，pp.70-75，産業開発機構, Feb.2017.

本書で使用する言葉や記号，単位について

機械の視覚機能の設計は，人間の視覚に供するものとは大きく異なっている。しかしながら，その一方でマシンビジョンシステムを利用するにあたっては，人間の視覚機能から類推できる言葉や尺度を使用して，システム構築ができるように留意する必要がある。

・本書では，**照明規格：JIIA LI-001-2013**に準拠し，一定の条件下で，できる限り，人間の視覚用途で，一般に使用している言葉や尺度を用いる。

・マシンビジョンで処理する視覚情報は**画像**と呼び，人間の視覚に訴える**映像**とは区別して使用する。

・「**明るさ**」や「**色**」は人間の視覚情報としては重要な指標であり，マシンビジョンにおいては物理量として計測できない心理量であるが，言葉としては人間の視覚を前提とした場合と同様に使用することとし，それぞれ実際には，カメラでセンスできる物理量としての「明るさ」として，また「色」に関しては，心理物理量として**三刺激値**の値，物理量としては原則**スペクトル分布**として扱う。

・**照度**，**輝度**，**光度**などは，人間の目に見える明るさを基準にして定められた単位系で表される**測光量**（心理物理量）であるが，特にその単位尺度が問題にならない場合には，機械の視覚においても同様に使用することとする。また，その単位尺度に関しては，カメラの光センサーの分光感度特性をベースにした**センサー測光量**であることを明示した上で，放射量，又は測光量で規定されている単位（W/m^2，W/sr/m^2,W/sr, lx, lm/m^2, cd/m^2, cd 等）を使用する。　（上記，照明規格参照）

・**可視光外**の光に対しても，画像情報として扱えるものには光という言葉をできるだけ用いることとし，可視光帯域に隣接する長波長側の**不可視光**を**赤外光**，短波長側を**紫外光**と呼ぶ。ただし，マイクロ波や電波，X線等には，慣用名をそのまま用いる。

・マシンビジョンでは**光物性**をベースにして，照射した光が被検物でどのように変化したかを画像情報として扱うので，物体が照射光によってどれだけ明るくなったかという捉え方を避け，物体から返される光を**物体光**と呼んで，これを**直接光**と**散乱光**に分類して，それぞれの輝度変化に論点を絞ることとする。

・照明法を**明視野**と**暗視野**に分類し，明視野は直接光（**分散直接光**を含む），暗視野は散乱光の明暗情報を捕捉する照明法として定義する。　（上記，照明規格参照）

・本書では，人間の視覚機能を**「こころ」の作用**とし，肉体の，すなわち眼球や神経系統や脳という物理的な反応しかできない肉体反応としての機能からは分離して考える。

・**光物性**とはこの３次元世界に姿を現した物体と光との相互作用のことを指すが，視覚機能が「こころ」の作用である以上，肉体としての各組織の反応，すなわち機械に焼き直すと，機械でどんな論理動作が実現できたとしても，人間と同等の視覚機能を実現できない，という立場を取る。

・したがって，この光物性をどのように最適化して，光と物体との相互作用において，機械が，その画像情報に基づいて所望の判断が論理的に下せるよう，**物体光の最適化**を行うのが**マシンビジョンライティング**である。

索　　引

・見出し語に続けて，英語訳，掲載頁の順に表記した。
・3頁以下の範囲に掲載されている場合は，その最初の頁のみを示した。
・英語表記のものは，その日本語の読みをベースに五十音順に配列した。

【あ】

ＲＧＢ (RGB) 130, 162
明かり取り 1, 15
アバター (Avatar) 135
アルゴリズム (algorithm) 95, 114
暗視野 (dark field) 90, 105, 118, 154, 171, 189
色 (color) 6, 23, 35, 39, 55, 60, 103, 110, 120, 142, 150, 161, 189
色情報 (color information) 61, 162
色の三原色 (three primary colors of paint) 162
因・縁・果 17
映り込み (reflection of Illuminant) 45
映像 iii, 2, 12, 25, 29, 36, 95, 103, 115,
映像認識 179
エコノミックアニマル (economic animal) 147
S/N (S/N) 86, 105, 114, 154, 159, 166
X線 (X-rays) 189
FA (factory automation) 86
LMS錐体細胞 (LMS cone cels) 165
縁起の理法 111, 147
凹凸 (concavo-convex) 40
お盆 110
念い (will) i, 52, 85, 100, 138

【か】

解像度 (resolution) 128
階調 (tone, grey scale) 8
鏡 (mirror) 47, 62, 130, 179
拡散光 (diffused light) 93
可視光 (visible light) 39, 44, 53, 70, 87, 130, 168, 189
画像 (image) 7, 21, 25, 33, 116, 139, 189
画像情報 (information of image) ii, 15, 23, 39, 41, 47, 51, 61, 105, 115, 189
画像処理 (Image Processing) ii, 11, 10, 95, 132, 162
画像処理アルゴリズム (image processing algorithm) 114
画像処理システム (Image Processing System) i, 12, 15
画像処理用途 (for image processing) 7, 21, 33, 113, 125, 131, 143
画像認識 (image recognition) ii, v, 3, 25, 105, 162
画像理解 (image comprehension; image understanding) 3
神の粒子 14
カラー画像処理 162
カラーカメラ (color camera) ii, 162, 165,
からくり人形 (mechanical doll) 15, 100, 173

ガリレオ・ガリレイ (Galileo Galilei)　32
感覚量 (sensitive quantities)　25, 61, 90
観察光　184
観察光学系　107
観察立体角　75, 81, 88, 152
感性 (sensibility)　137
カンデラ (candela)　77, 79
感度 (sensitivity)　44, 69
感度特性 (sensitivity behavior)　44, 58, 69, 157, 164, 166, 189
感度範囲　130
着ぐるみ　98, 104
輝度 (luminance)　46, 53, 64, 70, 75, 79, 88, 105, 189
輝度値　8
輝度変化　189
吸魂鬼 (Dementor)　130
吸収 (absorption)　24, 42, 58, 65, 69, 78, 83, 127, 129, 132, 150, 167
強度 (brightness)　101, 130, 153
鏡面反射 (specular reflection)　180
均等拡散　89, 105
屈折率 (refractive index)　151
経験 (experience)　14, 16, 33, 49, 95, 124, 146
計測 (measurement)　189
結晶構造 (crystallinity)　175
結像 (image formation)　73
結像系 (imaging system)　75
結像光学系 (imagery optical system) 37, 42, 73, 75, 81
結像面 (image formation side)　24, 74, 79, 89
検光子 (analyzer)　168,
原子 (atom)　58, 149
検出 (detection)　21, 61, 180
光学 (optics)　71, 127
光源 (light source, illuminant)　24, 43, 47, 53, 59, 62, 75, 81, 133, 177
光源色 (self-luminous color)　162
光子 (photon)　67, 86, 155, 168, 174, 177, 179
格子 (lattice)　149
光軸 (optical axis)　92, 151
高次元 (high dimension)　52, 84, 122
光束 (luminous flux)　76
光速度 (light velocity)　57, 120, 151
光沢　61
光電効果 (photoelectric effect)　156
光電子 (photoelectron)　156
光電子増倍管 (photomultiplier)　177
光度 (luminous intensity)　74, 77, 81
光量子 (photon, light quantum)　86, 155
心 (heart, mind, spirit)　iv, 14
こころ (heart)　ii , 1, 4, 15, 30, 41, 52, 60, 96, 100, 103, 110, 115, 122, 124, 136, 143, 163, 183

【さ】

最適化手法 (optimizing method)　133
最適化設計 (optimizing design)　23, 26, 38, 49, 55, 68, 86, 90, 117, 122, 132, 143, 147, 181
最適化設計過程 (optimizing design process)　112, 117, 132
再放射 (re-radiation)　61, 78, 128, 151
撮像 (imaging)　11, 22, 33, 90, 114
撮像系 (Imaging system)　26, 125, 143
撮像光学系 (Imaging optical system) 26, 37, 129
撮像条件 (Imaging condition)　23, 114
撮像する (Image)　22, 90, 117
三原色 (the three primary colors)　162
三刺激値 (tristimulus values)　130, 189
３次元　iv, 3, 14, 39, 51, 61, 67, 84, 97, 110, 120, 136, 181, 190
散乱 (scattering)　151
散乱光 (scattered light)　49, 53, 61, 88, 105, 151, 171, 179, 189

散乱率（scattering rate）　91
CMY（CMY：Cyan,Magenta,Yellow）　162
CPU（CPU（Central Processing Unit））　21
CMOS（CMOS：Complementary Metal Oxide Semiconductor）　17
紫外域　54
紫外光（ultraviolet light）　189
紫外線　55, 58
視覚（vision）　ii, 1, 7, 11, 15, 21, 30, 33, 43, 47, 53, 60, 66, 105, 110, 115, 122, 136, 140, 161, 165, 173, 178, 189
視覚技術（vision technology）　i
視覚機能（visual function）　ii, 1, 7, 12, 14, 23, 25, 34, 36, 39, 52, 60, 65, 66, 84, 97, 100, 104, 124, 118, 122, 124, 136, 140, 142, 154, 165, 173, 181, 183, 189
視覚システム　66
視覚情報（visual information）　1, 15, 25, 29, 40, 66, 86, 100, 103, 120, 140, 158, 162, 181, 189
視覚認識（visual recognition）　ii, 104, 115, 162
時間（time）　v, 17, 28, 39, 87, 125, 131, 139, 178, 181
しきい値（threshold value）　10, 35
色覚（color sense）　162, 165
自虐史観　28
指向性（directivity）　45
視細胞　24, 58, 61, 72, 74, 158
自動化（automation）　1
磁場（magnetic field）　66, 86, 119, 149, 154, 178
慈悲（mercy）　136
絞り（aperture stop）　22, 89
視野（visual field, field of view）　22, 79
射影面積（projection area）　75, 79
釈迦　33, 51
シャッタースピード（shutter speed）　22
視野範囲　22
宗教（religion）　28, 145
宗教教育（religious education）　ii
集光（light focus）　74, 78, 152
自由電子（free electron）　168
重力波（gravitational wave）　39
主体　5, 15, 40, 30, 66, 70, 96, 100, 112
出家　ii, 16, 28, 95, 184
条件反射（conditioned reflex）　22
照射（irradiation）　15, 24, 37, 41, 45, 56, 62, 71, 77, 105, 117, 125, 132, 140, 149, 154, 169, 175, 179, 189
照射角度（irradiation angle）　107, 152
照射系　82
照射光（irradiated light）　24, 37, 41, 44, 48, 60, 92, 104, 112, 117, 121, 130, 140, 149, 159, 166, 170, 177, 189
照射条件　46
照射方向（irradiation direction [lighting direction]）　71
照射立体角（solid angle of irradiation）　92, 130, 141, 151, 154
照度（illuminance）　44, 53, 63, 69, 73, 88, 105, 153, 189
照明（illumination , a light）　i, 1, 4, 7, 12, 15, 26, 30, 33, 40, 44, 60, 78, 90, 98, 103, 132, 136, 140, 143, 147, 150, 154, 165, 173
照明規格　93, 105, 117, 122, 131, 189
照明技術（lighting technology）　ii, 1, 11, 33, 40, 136, 143, 173, 184
照明系（lighting system）　37, 68, 112, 125, 133, 143
照明工学　46, 71, 88, 93
照明設計（lighting system design）　ii, 111, 115, 125, 131, 143, 146, 173, 175, 184
照明法（lighting method）　86, 154, 189
信仰（religious faith）　i, 14, 52
信仰者（religious believer）　136

人工知能（artificial intelligence）　v , 3, 97, 110, 143, 146, 183
振動エネルギー　58, 67
振動数（frequency）　67, 101, 119, 120, 155, 157, 164, 180
振動面（plane of oscillation）　120
振幅（amplitude）　105, 120, 130, 142, 149, 155, 157, 165
心理物理量（psychophysical quantity）　189
心理量（psychological quantity）　8, 18, 25, 55, 90, 95, 100, 112, 140, 162, 189
錐体細胞（cone cell）　165
STAP細胞（STAP cells）　32
ステラジアン（steradian）　77
スペクトル分布（spectral distribution）　25, 39, 60, 121, 130, 142, 161, 165, 189
制御信号（control signal）　20
制御性（controllability）　18, 41, 66, 86, 95, 104, 112, 132, 135, 140, 149
制御要素（control element）　117
精神性（psychogender）　v
精神世界（psychological world）　25, 39, 11, 144
精神論（spiritualism）　125
製造業（manufacturing industries）　1
正反射（regular reflection）　179
世界規格（global standard）　132
赤外光（infrared light）　189
赤外線（infrared rays）　56
全光束　76
センサー（sensor）　23, 58, 120, 128, 133, 157, 166, 177
センサー照度（sensor illuminance）　70
センサー測光量（sensor luminous quantities）　58, 189
相互作用（interaction）　25, 41, 55, 58, 77, 117, 125, 149, 173, 181, 190
像面照度（image plane illuminance）　74
測定（measurement）　130
測光量（Luminous quantity）　53, 58, 70, 74, 189
素粒子（elementary particle ）　14

【た】

ダークマター（dark matter）　83
ダイナミックレンジ（dynamic　range）　114
太陽光（sun light）　65, 69, 168
打痕　122
多次元構造　84,
多次元世界　4, 7, 14, 97, 110
魂（soul）　29, 96, 136, 178
単位立体角　75
短波長（short wavelength）　189
知性（intellect）　137
中国語の部屋（Chinese Room）　101
チューリング・テスト（Turing test）　100
長波長帯域　54
直接光（direct light）　49, 53, 61, 89, 105, 153, 159, 171, 178, 189
DNA（DNA（Deoxyribonucleic acid））　31
ディ-プラーニング（deep learning）　vii, 143
電圧（voltage）　17
点光源（point light source [point source of light]）　62
電子（electron）　58, 150, 156, 168, 173, 181
電磁波（electromagnetic wave）　39, 66, 86, 119, 142, 154, 173, 181
電子部品　184
転生輪廻（re-in carnation）　177
電場　66, 86, 119, 142, 149, 154, 177
電波　189
伝搬形態　105

伝搬方向（direction of propagation） 62, 71, 76, 81, 105, 120, 130, 142, 149, 153, 165
電流（electric current ） 131
銅（copper） 17
透過（transmission） 62, 127, 151, 168, 177
透過光（transmitted light） 62, 150, 171, 177
透過特性 127
透過容易軸 170
透過率（transmittance） 75, 79, 92, 127
同悲，同苦 147
透明人間（an invisible man） 126
透明マント（cloak of invisibility） 126
特徴情報（feature information） 34, 41, 95, 103, 115, 132, 143, 154, 159, 166, 173
特徴点（characteristic point） 40, 86, 108, 114, 117, 121, 133, 146
特徴量 35, 95
特定（identification） 11, 39, 60, 66, 70, 81, 111, 120, 135, 166, 173, 180

【な】

肉体（physical body） i, v, 5, 14, 29, 95, 98, 104, 124, 135, 145, 178, 190
２次元（two-dimensional） 25, 51
２値化（binarization） 11, 21
入力画像（input images） 34
認識（recognition） iv, 1, 11, 23, 34, 39, 51, 60, 77, 85, 99, 103, 111, 121, 125, 130, 150, 162, 181
認識能力 100
ノイズ（noise） 35
濃淡情報 25, 37, 95, 118, 158
濃淡プロファイル 25, 142, 152

【は】

媒質（medium） 151
倍率（magnification） 75, 80
白色光（white light） 60, 106
波長（wave length） 54, 69, 76, 105, 120, 126, 130, 142, 155, 161, 180, 189
波長依存性 157
波長成分 55
波長帯域 54, 60, 69, 126, 130, 164
パラダイムシフト（paradigm shift） 40, 104, 112, 143, 147, 166
ハリー・ポッター（Harry Potter） 124, 130
反射（reflection） 151, 173
反射光（reflected light / catoptric light ） 43, 62, 150, 173, 177
反射方向 93, 177
反射率（reflectance） 47, 127, 159
半導体（semiconductor） 16
光（light） i, 1, 6, 8, 12, 14, 15, 23, 39, 52, 65, 83, 86, 108, 114, 133, 156, 168, 173
光エネルギー（light eneregy） 14, 24, 44, 53, 63, 69, 83, 88, 131, 150, 155, 177, 181
光センサー（optical sensor） 39, 108, 128, 158, 164, 179, 189
光の三原色（three primary colors of light） 162
光の使命（the mission of light） vi
光の変化要素（elements of variations in characteristics of light） 106, 111, 117, 119, 125, 130, 136, 142, 149, 159, 161, 166
光の変化量 39, 117, 133, 158, 167
光物性（photophysics） 24, 41, 58, 86, 115, 121, 125, 142, 146, 169, 173, 181, 189
光放射（optical radiation） 78

被写体（subject）　12, 36, 78, 158
VISION Award（VISION Award）　184
ビジョンシステム（vision system）　23, 30, 37, 47, 86, 147, 165, 183, 189
ヒッグス粒子（Higgs boson）　14
瞳（pupil）　24, 74, 78, 88
非偏光（unpolarized light）　107, 171
ヒューマンビジョン（human vision）　14
評価尺度　116, 141, 162
標準化　184
表面状態　35, 122, 175
ファインマン（Richard P. Feynman）　6, 12, 23, 110, 173, 181
フィードバック（feedback）　2
フィルタリング（filtering）　168
風合い（texture）　61, 103, 140
不可視光（invisible light）　53, 58, 189
武士道　28, 136
仏教（Buddhism）　ii, 4, 14, 21, 28, 33, 51, 88, 96, 110, 124, 135, 139, 147, 178, 184
仏教的世界観　iii, 88, 124
物質化　iv, 14
物質世界（the physical [material] world）　14, 181
仏性　14, 21, 96
仏神　14, 22, 52, 65
物体界面　24, 62, 73
物体光（object light）　24, 37, 42, 59, 76, 88, 104, 111, 133, 149, 161, 166, 174, 178
物体色（object color）　162
物体認識（object recognition）　4, 40, 60, 86, 103, 125, 139
仏門　ii, 16, 28, 95
物理量（physical quantity）　8, 18, 25, 52, 60, 86, 90, 95, 100, 114, 139, 162, 189
プランク定数　56, 67, 87, 155
分解能（resolution）　131
分光感度特性（spectral sensitivity function）　58, 69, 157, 164, 189
分光特性　58, 90
分光反射率（spectral reflectance）　159
分光分布（spectral distribution）　60
分散直接光（dispersed direct light）　93, 189
分散立体角　93
分子　58, 149, 168
分子構造　149, 175
平行光（parallel light）　122
平面半角　92
ヘコミ　122
変化量（variations）　25, 39, 106, 117, 130, 158, 167
偏光（polarized light）　105, 122, 130, 142, 161, 168
偏光子（polarizer）　168
偏光視　122
偏光状態　130, 142, 171
偏光特性（polarizing property）　105, 169
ベンジャミン・リベット（Benjamin Libet）　97, 183
偏波面（plane of polarization）　120
放射輝度（radiance）　70, 75, 79
放射強度（radiant intensity）　70, 74
放射照度（irradiance）　70, 77
放射束（radiant flux）　76
放射量（Radiant quantities）　58, 70, 74
法線（normal）　79, 92
星空　v
仏（Buddha）　v, 14, 136

【ま】

マーヴィン・ミンスキー（Marvin Minsky）　3, 33, 97
マイクロ波（microwave）　189
マイコン（micro computer）　20

マクスウェルの方程式（Maxwell's equations）　86
マシンビジョン（machine vision）　i，v，12, 28, 33, 37, 49, 58, 90, 98, 103, 110, 124, 125, 131, 140, 184
マシンビジョンシステム（machine vision system）　23, 30, 37, 47, 86, 147, 165, 183
マシンビジョンライティング（machine vision lighting）　ii，28, 46, 55, 85, 97, 103, 112, 133, 140, 150, 154, 159, 166, 175, 181, 190
魔法（magic）　124, 130
マリュスの法則（law of Malus）　171
見え方　7, 23, 41, 45
見方　16, 111, 115, 124
虫眼鏡　65
明暗（light and shade）　37, 43, 47, 53, 61, 66, 92, 103, 114, 178
明暗差（contrast）　106
明暗情報　37, 61, 103, 112, 120, 158, 189
明視野（bright field）　90, 105, 117, 154, 171, 189
面密度（surface density）　75, 79
網膜（retina）　24, 68, 72, 78, 158, 165

目視検査　11
文字（character）　103, 105
文字認識　103

【や】

唯物論（materialism, physicalism）　7, 28, 33, 136
夕日　v
汚れ（stain）　48
４次元（fourth dimension）　4, 51, 85, 139

【ら】

立体角（solid angle）　74, 88, 130, 141, 149
立体角要素（factor of solid angle）　75, 90, 149, 151
量子数（quantum number）　56, 67, 155
量子電磁力学　174
量子力学（quantum mechanics）　51, 155
量子論（quantum theory）　157, 174
類推　25, 189
ルーメン（lumen[lm]）　76
ルックス（lux[lx]）　77
霊性（spirituality）　143
霊的機能（spiritual function）　28, 144
霊的波動（spiritual wave）　32
レンズ（lens）　15, 22, 37, 69, 73, 89, 112, 140, 144
論理（logic）　111
論理回路（logic circuit）　18
論理動作（logic operation）　18, 52, 190

【わ】

著者略歴：

増村 茂樹（ますむら しげき）

マシンビジョンライティング株式会社

代表取締役社長

1981年京都大学工学部卒。

15年間日立製作所中央研究所にてマイコンをはじめとするシステムLSIの研究開発に従事。その後出家し，仏門に入って5年間仏教を学ぶ。還俗後，シーシーエス株式会社に入社，マシンビジョン用途向けライティング技術を確立し，2011年この技術がJIIAを通じてグローバル標準として認証された。その後，2014年7月マシンビジョンライティング株式会社を創立，代表取締役社長に就任し，現在に到る。各学会等での招待論文・講演をはじめ，各種専門誌への論文投稿，連載記事執筆，大学等での講義，各企業向けの講演を随時実施。電子情報通信学会正員，精密工学会正員，OSA(Optical Society of America) 正員，厚生労働省所管 高度職業能力開発促進センタ（愛称：高度ポリテク）外部講師，一般社団法人日本インダストリアルイメージング協会(JIIA)第1期（2006.6～）理事を経て，第2，第3期（～2013.6）副代表理事，同協会照明分科会主査（2006.6～2014.4），同協会撮像技術専門委員会委員長（～2014.4）。著書に「マシンビジョンライティング基礎編」2007，「マシンビジョンライティング応用編」2010，「マシンビジョンライティング実践編」2013がある。2016年11月，ドイツのシュツットガルトで開催されたVISION 2016において，日本企業初となる第22回 VISION Award 第1位を受賞。

新 マシンビジョンライティング ①
– 視覚機能としての照明技術 – マシンビジョン画像処理システムにおけるライティング技術の基礎と応用

価格はカバーに表示

2017年11月24日　初版　第1刷

著　者　増　村　茂　樹

発行者　分　部　康　平

発行所　産業開発機構株式会社

TEL: 03-3861-7051

URL : http://www.eizojoho.co.jp/

印刷・製本 神谷印刷株式会社

ISBN978-4-86028-279-0

Printed in Japan